현직교사가 알려주는
우리 아이 성교육

현직교사가 알려주는 우리 아이 성교육

초판 인쇄 2024년 10월 23일
초판 발행 2024년 10월 30일
지은이 자담쌤(강소담)
발행인 김태웅
기획 김귀찬
편집 유난영
표지 디자인 남은혜
본문 디자인 이해선
표지 일러스트 채상우
마케팅 김철영
제작 현대순

발행처 (주)동양북스
등록 제 2014-000055호
주소 서울시 마포구 동교로22길 14 (04030)
구입 문의 전화 (02)337-1737 팩스 (02)334-6624
내용 문의 전화 (02)337-1763 이메일 dybooks2@gmail.com

ISBN 979-11-7210-079-7 03590

현직교사가 알려주는

우리 아이 성교육

자담쌤(강소담) 지음

유네스코 국제 성교육 가이드
나선형 교육과정 방식 적용

동양북스

학교에서도 성교육은 참 어려운 소재입니다. 성을 직접 입에 담는 것은 부끄럽다는 사회적인 시선 속에서 교사도 곤란을 겪기 일쑤이지요. 부모님들도 동감하실까요? 이런 상황에 활용할 수 있도록 이 책은 충분한 성 지식과 유의점을 제공합니다. 아이와 차근차근 성교육을 할 수 있도록 이정표가 되어 줄 것입니다. "엄마 아빠는 왜 입을 맞춰요?"처럼 아이의 당황스러운 질문에도 차분히 대응할 수 있도록 돕는 이 책을 건강한 성 지식을 가르치고 싶은 모든 부모님께 권합니다.

현직교사 **공유현**

성교육이 필요하다는 것은 누구나 알지만 정작 내 아이를 앉혀 놓고 성에 대한 이야기를 꺼내는 것이 퍽 쑥스럽거나 어색하게 여겨지는 부모님들이 많이 계실 것으로 압니다. 여러 이유가 있겠지만, 우리의 어린 시절 가정과 사회로부터 올바른 성교육을 받지 못한 탓이기도 할 테지요.

성(性)에 대한 이야기는 마치 부끄럽고 야한 것으로 인식되어 입 밖으로 꺼내기 어려운 것도 사실입니다. 그러나 다양한 유형의 성범죄가 발생하고, 왜곡된 성 지식과 딥페이크 영상이 쏟아지고 있는 지금, 성교육은 우리 아이들을 위한 필수 교육이자 더 이상 미루어서는 안 되는 어른과 아이의 공동 과업이 되었습니다. 무엇보다도 가정 내 부모의 성교육이 중요하게 되었지요.

이 책은 부모와 자녀가 성에 대한 올바른 인식과 배움을 얻도록 하는 데 도움을 줍니다. 막막하게만 생각되었던 우리 아이 성교육을 하나부터 열까지 차근차근 배워 실행할 수 있도록 돕는 길잡이 역할을 하는 친절하고 다정한 책입니다. 아이들과 성에 대한 이야기를 시작하는 방법, 내 몸을 알고 소중히 여기는 방법, 자녀에게 성과 사랑에 대해 설명하는 방법 등 부모와 자녀를 위한 성교육의 모든 것을 이해하기 쉽고 상세하게 설명하고 있습니다.

부모와 함께하는 성교육을 통해 우리 아이는 자신의 몸을 사랑하고 성적 욕구와 호기심을 슬기롭게 해소하는 건강하고 건전한 청소년으로 성장하게 될 것입니다. 쉽지 않은 내 아이 성교육, 그 해법을 이 책에서 얻어 가시길 바랍니다.

현직교사 **정지영**

어린 시절, 초등학교 5학년 겨울방학 캠프를 가기 직전 갑작스러운 첫 생리를 맞이하게 된 저는 말 그대로 혼비백산이었습니다. 여자 선생님의 도움이 있었지만 불편하고 불쾌함이 가득했던 첫 기억이죠.

캠프를 마치고 집에 돌아오니 책상 위에 빨간 장미 바구니가 놓여 있었습니다. "축하한다."라고 아빠가 쓰신 카드와 함께. 남자인 아빠가 여자인 나의 비밀스럽고 은밀한 초경을 알아버리다니 그땐 기분이 나쁘고 참 부끄러웠지요. 어른이 된 지금 돌이켜 보면 아빠도 조심스럽고 어색했을 거 같아요. 아빠와 나, 우리가 더 친밀하고 서로의 다름에 대해 충분히 이해하고 있었더라면 저 스스로 더 당당하고 더 기쁘게 축하를 받았을 겁니다.

이 책은 아이와 부모의 관계를 친밀하고 성숙하게 합니다. 이 책을 통해 아이들이 스스로에 대해 자연스럽게 알고, 나와 다름에 대한 차이를 이해하며, 친밀한 관계 속에서 몸과 마음이 모두 성숙한 어른으로 성장하기를 바랍니다.

마케터 **김혜영**

머리말

성교육은 어렵고 가정에서 하기 쉽지 않은 교육이라고 생각하시죠? 하지만 가정에서 해야 하는 교육이 바로 성교육입니다. '정직해라, 거짓말을 하지 마라, 친구와 사이좋게 지내라, 골고루 먹어라!' 이런 이야기를 아이들에게 언제 하시나요? 일상 속에서 상황이 발생했을 때 하실 겁니다. 성교육도 마찬가지입니다. 아이의 일상 속에서 자연스럽게 성교육이 이루어져야 합니다.

우리 아이들은 아기 때부터 자신의 몸과 어른의 몸의 다른 점을 눈으로 손으로 탐색하고, 남자와 여자의 차이를 알고, 몸을 씻는 것을 배우고, 성장하면서 몸의 변화를 겪고, 사랑이라는 감정을 느끼고, 연애를 하게 됩니다. 이러한 아이의 삶 가장 가까운 곳에 부모님이 계십니다. 아이의 성장과 발달 과정에 맞게 성교육이 이루어져야 하며 내 아이의 성교육에 있어 최적의 교육자는 바로 부모님입니다.

사실 성에 대해 제대로 배운 기억이 없는 부모님들도 많이 계실 겁니다. 저 역시 어릴 때 성교육을 받지 않았습니다. 초등학생 때부터 야한 소설을 봤고 고등학생 때는 야한 영상도 봤습니다. 하지만 의외로 연애나 남자에게는 전혀 관심이 없었습니다. 그러다 고등학교 생물 시간에 생리, 성관계, 임신, 출산에 대해 배웠는데, 이성에 관심이 없던 상태에서 배워서 이성에 눈을 뜨게 되지는 않았습니다. 오히려 성관계 시에 임신을 조심해야 하고 생리 주기 중에 언제가 가임기인지, 어떻게 건강한 성관계를 해야 하는지 알게 되었습니다. 그때의 기억이 있어서인지 저에게 성관계는 조심히 해야 하는 것이라는 인식이 굳게 자리 잡았습니다. 그래서 성인이되어 성관계를 늦게 했고 신중하게 피임을 했습니다. 이런 경험을 통해 이성에 눈을 뜨기 전에 성교육을 하여서 올바른 성 개념, 성 태도를 형성해야 한다는 것을 깨달았습니다.

성교육은 아이들이 자신을 사랑하는 방법을 알고 자신과 타인을 존중하며 서로 행복한 삶을 살 수 있게 하는 중요한 인성교육입니다. 4~11세가 성교육을 하기 가장 좋은 시기이며 몸과 마음이 쑥쑥 성장하는 이 시기에 맞춰 부모님들께서 아이에게 성교육을 해 주어야 합니다.

이 책은 아이들한테 꼭 필요한 성교육이 무엇인지, 아이의 성장에 따라 실질적으로 어떻게 성교육을 해야 하는지 시기별, 상황별로 최대한 상세하게 교육법을 담았습니다. 당황스러운 아이의 질문에 대한 눈높이 맞춤 답변부터 아이가 자라면서 겪게 되는 몸과 마음의 변화 등 다양한 성적 지식을 부모님과 아이가 함께 배울 수 있습니다.

❶

초보 엄마, 아빠들을 위한 성교육 꿀팁을 제공하여 가정에서
쉽게 성교육에 접근할 수 있도록 했습니다.

❷

같은 내용이라도 아이의 수준에 맞게 알려 주어야 하기에 유아, 초등학교 저학년,
초등학교 고학년 아이들을 대상으로 성에 대해 무엇을 어떻게 알려 주어야 하는지
단계별로 교육 내용을 다룹니다.

❸

아이의 마음과 소통하는 성교육이 되어야 합니다. 일상의 대화에서 순간순간
막힐 때마다 그대로 따라할 수 있는 성교육 대화법을 상황별로 다양하게 제시합니다.

❹

아이들은 단순히 읽고 들으며 배우는 것보다는 읽거나 듣고 나서
직접 활동을 하면 더 잘 이해합니다. 아이들이 더 잘 이해할 수 있도록 부모님과 함께
성에 대해 배우고 배움의 효과를 높일 수 있는 다양한 활동을 수록했습니다.

필요성은 절감하면서도 민망하거나 막막해서 아이의 성교육을 미루거나 회피해 온 부모님들께 가정에서 쉽게 성교육을 할 수 있도록 도움을 드리고 싶었습니다. 이 책이 아이를 보호하고 아이가 올바른 가치관과 자존감을 갖도록 성교육을 시작하시는 부모님들께 도움이 되기를 바랍니다.

강소담

이 책의 구성과 특징

1 자담쌤 교육 방법 들여다보기

자담쌤의 교육 방법을 교육 목표와 집중 교육 포인트, 교육 시 유의사항으로 정리하여 해당 주제와 관련하여 무엇을 어떻게 아이에게 교육해야 할지 미리 숙지하고 차근차근 효과적인 교육 계획을 세울 수 있습니다.

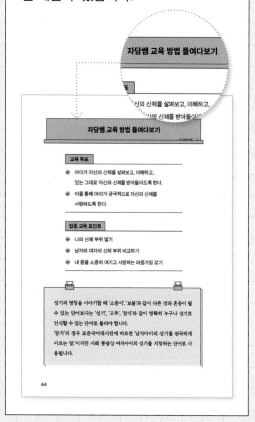

2 자담쌤 가이드 | 함께 공부해 봐요

아이에게 성에 대해 이야기할 때 '무엇을 어디까지 이야기해야 할까?', '어떻게 이야기를 풀어 가야 할까?' 고민하는 어른들을 위해 시기별 필수 교육 내용과 상황별 대화법까지 풍성한 내용을 상세히 담았습니다. 그대로 따라하다 보면 쉽지 않은 내 아이 성교육 방법에 대한 해법을 찾을 수 있습니다.

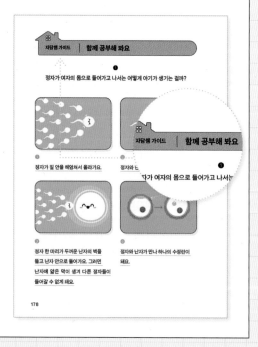

3 아이와 함께하는 활동

교육 목적에 맞게 잘 설계된 활동은 교육 내용을 보다 잘 이해하고 향후 필요할 때 활용 가능한 형태로 기억 속에 오래 저장하게 합니다. 이 책은 실질적이고 효과적인 성교육이 될 수 있도록 아이를 직접 참여하게 하여 부모와 함께 할 수 있는 다양한 활동을 수록하였습니다.

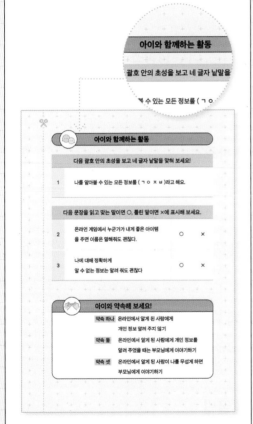

4 자담쌤의 편지

실제로 교육 현장에서 경험한 것들을 바탕으로 자담쌤이 아이들에게 해 주고 싶은 이야기들을 편지 형식으로 담았습니다. 신체의 변화, 타인과의 관계, 복잡한 마음 상태까지 아이가 성장하면서 겪을 수 있는 고민들과 시기별로 아이가 꼭 알아야 할 사항들에 대한 자담쌤의 따뜻한 조언을 부모와 아이가 함께 읽을 수 있습니다.

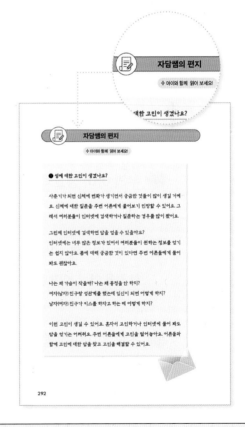

차례

2장　초등학교 입학 전 우리 아이 성교육

1장

유아, 초등 성교육
어떻게 해야 할까

우리 아이 성교육,
누가 해야 할까요?

어릴 때부터 아이에게 성교육이 필요하다는 생각은 대부분의 부모님께서 하고 계실 겁니다. 그런데 막상 성교육을 하려 하니 막막하기도 하고 누군가 대신 해 줬으면 하는 마음이 드시죠? 그래서 그런지 요즘에 블로그, 유튜브 등에서 활동하는 성교육 전문 강사들이 많습니다. 또, 아이가 초등학교 고학년이 되면 맘카페나 친한 부모들끼리 성교육 강사를 초빙하는 경우도 있다고 합니다. 당연히 정확한 성 지식을 알기 위해서는 전문적인 강사의 설명도 필요합니다. 하지만 전문 강사의 교육을 들었다고 하여 부모의 교육이 빠지면 안 됩니다.

부모가 성교육을 해야 하는 이유가 무엇일까요?

첫째, 내 아이에게 맞는 교육이 필요합니다.

유아부터 초등학생 시기의 아이들을 살펴보면 각 아이들마다 성에 대한 이해도와 관심도가 천차만별입니다. 빠른 아이들은 유치원 시기에 남자 친구, 여자 친구를 사귀기도 하고, 6학년이 될 때까지 이성 관계에 크게 관심이 없는 아이들도 있습니다.
교직에 있으면 여러 사례의 아이들을 보고 듣게 됩니다. 사례를 몇 가지 보면 저학년(1~2학년)부터 성관계에 대해 알고 있는 아이, 중학년(3~4학년)인데 교실에서 "sex, sex, sex on the beach!" 노래를 부르고 다녔던 아이, 중학년인데도 아직 유아 자위의 형태를 보이는 아이, 고학년(5~6학년) 교실에 아침 일찍 와서 스킨십하고 있던 커플, 동성물을 보는 아이까지 있었습니다.

물론 이와 같은 사례의 아이들은 소수입니다. 중요한 것은 이렇게 천차만별인 아이들에게 강사가 일괄적으로 학교에서 성교육을 한다는 것이 어렵다는 겁니다. 필요한 시기에 아이들에게 맞춤 교육을 못할 수도 있고, 성교육을 통해 아이들이 되레 성에 눈을 뜰 수도 있습니다. 그러니 자녀의 성장에 맞는 교육이 필요하고 그것을 해 줄 수 있는 교육자는 부모밖에 없습니다.

두 번째로, 아이들에게는 성에 관한 고민을 털어놓을 곳이 필요합니다.

2021년 청소년 건강행태 조사 보고서에 따르면 청소년들의 성관계 시작 연령은 14.1세입니다.(출처: 질병관리청 2021년 청소년 건강행태 조사 통계집) 2023년 청소년 건강행태 조사 보고서에 따르면 청소년들의 성관계 경험률은 2021년 5.4%(중학생 2.3%, 고등학생 8.5%), 2022년 6.2%(중학생 3.0%, 고등학생 9.6%), 2023년 6.5%(중학생 3.1%, 고등학생 10.0%)로 나타났습니다. 최근 3년간 청소년들의 성관계 경험률이 상승하고 있습니다.

구분	2019 분석대상자수	2019 분율 (표준오차)	2020 분석대상자수	2020 분율 (표준오차)	2021 분석대상자수	2021 분율 (표준오차)	2022 분석대상자수	2022 분율 (표준오차)	2023 분석대상자수	2023 분율 (표준오차)
전체	57,303	5.9(0.2)	54,948	4.6(0.1)	54,848	5.4(0.1)	51,850	6.2(0.2)	52,880	6.5(0.1)
학년										
중1	9,738	1.7(0.1)	10,005	1.2(0.1)	10,016	1.4(0.1)	9,240	1.8(0.2)	9,646	2.0(0.1)
중2	9,665	2.7(0.2)	9,564	1.6(0.1)	10,235	2.0(0.1)	9,346	2.8(0.2)	9,344	2.7(0.2)
중3	9.981	4.2(0.3)	9,392	2.7(0.2)	9,764	3.8(0.3)	9,429	4.2(0.3)	9.411	4.6(0.3)
고1	9,273	6.1(0.3)	8,907	4.4(0.3)	8,461	5.7(0.3)	8,461	7.0(0.3)	9,078	7.1(0.3)
고2	9,044	8.5(0.4)	8,907	7.4(0.3)	8,647	8.9(0.3)	7,982	9.7(0.4)	8,144	10.0(0.4)
고3	9,602	11.0(0.4)	8,173	10.1(0.4)	7,725	10.7(0.4)	7,392	12.0(0.5)	7,257	13.3(0.5)
학교급										
중학교	29,384	2.9(0.1)	28,961	1.8(0.1)	30,015	2.3(0.1)	28,015	3.0(0.1)	28,401	3.1(0.1)
고등학교	27,919	8.6(0.3)	25,987	7.3(0.2)	24,833	8.5(0.2)	23,835	9.6(0.3)	24,479	10.0(0.3)

△ 청소년 성관계 경험률(출처: 질병관리청 2023년 청소년 건강행태 조사 통계집)

한편, 청소년 성관계 경험자의 피임 실천율은 2020년 66.8%, 2021년 65.5%로 나타났습니다. 성관계를 경험한 아이들 중 35%가 피임을 하지 않고 있습니다. '질외사정'을 확실한 피임법으로 알고 있는 아이들이 다수이기에 피임을 하고 있다고 답한 청소년들도 피임을 확실하게 하고 있다고 할 수 없습니다.(출처: 질병관리청 2021년 청소년 건강행태 조사 통계집)

구분	2016 분석대상자수	2016 분율 (표준오차)	2017 분석대상자수	2017 분율 (표준오차)	2018 분석대상자수	2018 분율 (표준오차)	2019 분석대상자수	2019 분율 (표준오차)	2020 분석대상자수	2020 분율 (표준오차)	2021 분석대상자수	2021 분율 (표준오차)
전체	2,287	51.9(1.1)	3,033	49.9(0.9)	3,209	59.3(1.0)	3,282	58.7(0.9)	2,487	66.8(0.9)	2,833	65.5(0.9)
남학생	1,616	52.0(1.3)	2,119	49.7(1.1)	2,118	57.9(1.2)	2,285	58.4(1.1)	1,616	67.1(1.1)	1,785	64.6(1.1)
여학생	671	51.8(2.1)	914	50.4(1.8)	1,091	62.4(1.3)	997	59.4(1.6)	871	66.2(1.8)	1,048	67.0(1.5)

△ 청소년 성관계 경험자의 피임 실천율(출처: 질병관리청 2021년 청소년 건강행태 조사 통계집)

우리는 통계상의 수치보다는 성관계를 하는 아이들이 있고, 그 아이들이 피임을 제대로 하고 있지 않다는 것에 주목해야 합니다. 아이들은 제대로 된 피임법을 모르고 있고 그로 인해 임신을 했을 때 누구에게도 말하지 못하고 혼자 고민하는 경우가 많다고 합니다.

'그렇다면 아이가 중학생이 되면 성관계와 피임에 대한 이야기를 하면 되지 않을까요?'라고 생각하실 수도 있습니다. 그런데 중학생이 되는 아이에게 갑자기 피임을 잘해야 한다고 편하게 이야기할 수 있을까요? 피임과 성관계에 대해 이야기를 꺼내는 순간 어색해지는 분위기가 그려지지 않나요? 아이가 중고등학생 때 성관계, 연애, 임신, 피임과 같은 문제에 직면했을 때 부모에게 쉽게 상담할 수 있을까요? 유아 시기부터 초등학교 시기에 가정에서 자연스럽게 성에 대한 이야기를 하는 분위기를 형성해 놓지 않으면 청소년기의 아이들과 성에 대한 이야기를 하는 것은 더욱 어려워집니다. 유아 시기부터 성교육을 시작해야 하는 이유는 여기에 있습니다. 성을 '야한 것'으로 인식하기 이전의 어린 시기부터 성에 대한 이야기를 하는 가정의 분위기를 형성해 놔야 추후 중고등학생 때, 대학생이 되어서 성에 대해 부모와 고민을 나눌 수 있습니다.

중고등학생 시기뿐만 아니라 초등학생 시기에도 아이들 간에 성 관련 문제 발생 빈도가 점점 높아지고 있습니다. 또 최근에는 채팅 앱이나 SNS 등으로 성인이 아이에게 접근하는 경로도 너무 많아지고 있습니다. 이런 상황에 처했을 때 아이들은 쉽사리 부모에게 고민을 털어놓지 못합니다. 그러니 아이들이 중고등학생이 되어 성 관련 문제를 직면하기 전에 성에 관해 부모와 자녀가 편하게, 자연스럽게 이야기할 수 있는 환경 조성이 필요합니다.

마지막으로, 아이들의 올바른 가치관 확립을 위해서 가정에서의 성교육이 필요합니다.

가정에서의 성교육은 과학 수업에서처럼 정확한 성기의 명칭, 호르몬의 명칭에 대한 교육이 아닙니다. 가정에서의 성교육은 우리 아이에게 성에 대한 모든 것을 만들어 주는 교육입니다. 다시 말해 '성' 하면 떠오르는 이미지, '성'에 대한 나의 가치관을 형성하는 교육입니다.

우리가 삶을 살아감에 있어 나를 이끌어 가는 방향성, 가치관을 학교에서 배울까요? 국어 시간에 배우나요? 아닙니다. 내 삶에서, 내 가정에서, 교우 관계에서 자연스럽게 배우고 익히고 형성해 갑니다. 성에 대한 아이들의 가치관 역시 가정에서 부모를 통해 생활하면서 배워야 안정적으로 형성될 수 있습니다.

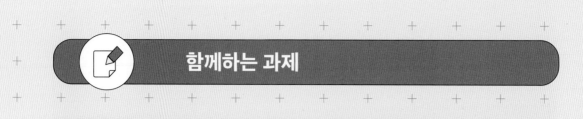

함께하는 과제

◦ 부모님들이 생각하는 성 마인드맵 그려 보기 ◦

아이들에게 성교육을 하기에 앞서 부모님들이

성에 대해 생각하는 것을 정리해 봅시다.

'성'이라고 하면 떠오르는 이미지, 단어를 마인드맵에 적어 보세요.

성관계, 19금 등 관계없이 진솔하게

'성' 하면 떠오르는 단어를 적으시면 됩니다.

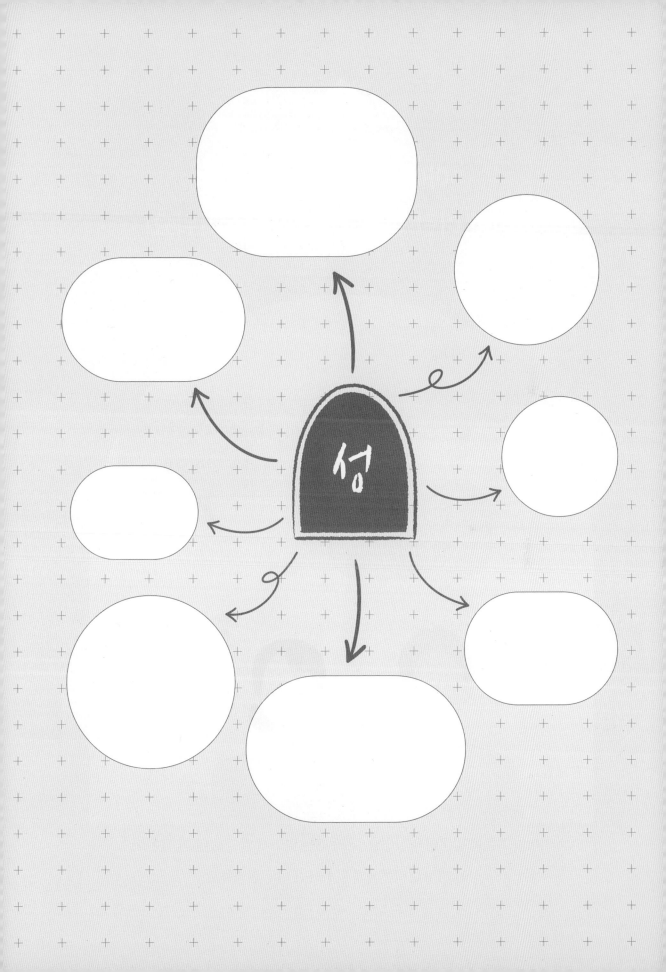

아빠 섹스해 봤어요?
아이의 이런 질문, 너무 당황스러워요!

아빠,
아기는 어떻게 생겨요?

아빠는 고추가 있는데
왜 나는 없어요?

엄마 가슴은
왜 작아요?

아이의 질문에 말문이 막혔어요. 우리 때는 알아서 알고 컸던 거 같은데,

성에 대해 아이들에게 말하려니 너무 민망해요.

대한민국의 대다수 부모들이 가지고 있는 울렁증이 있습니다. 바로 성교육 울렁증입니다.

예전에 트위터에서 올라와서 유명해졌던 사건이 있습니다. 초등학생인 둘째 아들이 "아빠, 섹스해 봤어?"라고 묻자 아빠가 당황해서 "아직."이라고 대답했다는 내용이었습니다. 그 뒤 아이는 또 엄마에게 "엄마, 섹스해 봤어?"라고 물었고 엄마가 "응." 하고 대답하자 "언제 해 봤어?"라고 아이가 되물었다고 합니다. 학부모가 아니라면 단순히 웃고 넘어갈 수 있는 이야기지만 어린 자녀를 둔 학부모라면 웃기만 하고 넘어갈 수 없는 문제입니다.

초등학생 둘째 놈이 "아빠, 섹스해 봤어?" 하고 물어 보길래 순간 당황해서 "아직." 이라고 했다. ㅠㅠ

앞서 설명드린 사례는 초등학생의 사례이지만 아이들은 더 일찍 성에 대해 호기심을 가지게 됩니다. 아이들이 가정에서 "엄마는 왜 고추가 없어?", "나도 서서 오줌 누면 안 돼?", "나는 어떻게 태어났어?"와 같은 질문을 한 적이 있을 겁니다. 아이들은 어른의 생각보다 빠르게 성의 개념에 대해 인지하기 시작합니다.

일반적으로 아이들은 3세가 되면 성에 대해 처음으로 알게 됩니다. 아이들은 자신이 남녀 중 한쪽 성에 속해 있음을 인식하고 타인의 성별에 대해 인식하기 시작합니다.

'여자와 남자가 있다.'
'엄마는 여자다.'
'아빠는 남자다.'
'나는 엄마처럼 치마를 입으니까 여자다.'

나는 엄마처럼 치마 입으니까 여자야.

이와 같은 생각을 합니다.

그러면서 남자와 여자의 다른 점에 대해 궁금해하고, 신체에 대해 질문을 하게 됩니다. 이는 자연스러운 성장의 과정입니다. 하지만 이런 질문을 들은 부모들은 "크면 다 알게 돼."라고 다그치거나, 못 들은 척 제대로 대답해 주지 않고 얼버무리거나, "아기는 다리 밑에서 주워 왔어."라고 거짓말을 하게 됩니다.

자녀가 이처럼 성과 신체에 대해 질문을 하면 자녀의 수준에 맞춰 대화해야 합니다. 하지만 부모들 대부분은 질문을 듣고 못 들은 척하거나, 자녀의 수준에 맞지 않은 어려운 용어를 들어 설명하거나, '이런 건 물어 보는 게 아니야.'와 같이 다시는 질문을 못 하게 하는 태도를 취합니다. 이러면 자녀가 성에 대해 부정적인 감정을 가질 수 있습니다.

아이가 "왜 횡단보도에서 초록색 불에만 건너는 거야?"라고 묻는다면 뭐라고 대답하실 건가요? 머릿속에 대답이 떠오르지 않나요? 다른 질문에는 속 시원히 대답할 수 있지만 성에 대한 질문에서 망설이는 이유가 무엇일까요?

첫째, 우리도 모르기 때문입니다.

요즘의 아이들은 어린이집, 유치원에서 이루어지는 성교육을 통해서 또는 다양한 성교육 책을 통해서 음경, 음순 등 신체 부위의 명칭을 아는 경우가 많습니다. 초등학생 아이들 중 스마트폰을 많이 사용하거나 TV 등 매체에 노출이 많이 되는 아이들은 예전에 비해 더 일찍 성에 대해 알아 가고 있습니다. 하지만 아이들과 달리 부모들의 성 지식이나 성 의식 수준은 과거에 머물러 있는 상황입니다. 이것은 부끄러운 것이 아니라 부모들이 성교육을 제대로 받은 세대가 아니기 때문에 당연한 것입니다. 그래서 부모들은 자녀에게 성 지식에 대해 설명하기 어려워하고 성에 대해 이야기하는 것을 부끄럽게 생각합니다.

둘째, 성교육을 단순히 성에 관한, 성관계에 관한,
성기에 한정된 교육이라 생각하기 때문입니다.

성교육은 단순히 성에 관한 교육이 아님에도 대부분의 사람들은 성교육을 성기와 성관계에 한정된 교육이라고 생각합니다. 하지만 성교육은 자기 존중, 타인 존중, 나아가 삶의 행복에 커다란 영향을 미치게 되는 가치관을 키워야 하는 교육입니다. 성교육을 성기와 성관계에 관한 한정된 교육이라고 생각하는 순간 성교육은 부끄럽고 민망한 것이 됩니다.

이런 생각을 바탕으로 부모가 성에 대해 부끄러워하고 민망해하면 아이들도 똑같이 인식할 가능성이 높습니다. 문제는 바로 여기에 있습니다. 부모가 성에 대해 말하기 꺼려 하면 아이들은 부모의 감정을 파악하고 똑같이 성을 민망하게 여긴다는 겁니다. 그러니 부모부터 성교육은 성기와 성관계에 한정된 교육이 아니라 성 가치관과 성 행동, 나아가 아이의 삶에 영향을 미치는 교육이라는 것을 인식하여야 합니다.

셋째, 성교육을 날을 잡고 해야 하는 교육이라고
생각하기 때문입니다.

성기의 명칭에 대해 아이에게 알려 준다고 상상해 봅시다. 아이에게 어떤 방법으로 알려 주실까요? 책을 펴고 그림을 보면서 이건 음순이고, 요도고, 자궁이고…….

이렇게 성교육에 대해 알려 주셔도 괜찮습니다. 하지만 책을 보면서 날을 잡고 성교육 해야 한다고만 생각하시면 성교육이 어렵게 느껴집니다. 언제 어떻게 해야 하는지도 어렵고 이야기를 꺼내는 것도 쑥스러울 겁니다. 저도 성교육을 한 차시로 계획하고 준비해서 하면 쑥스럽습니다. 상황이 될 때 성교육을 한다고 생각하시면 오히려 편하게 성교육을 할 수 있습니다. 아이가 성교육 동화책을 꺼내 오면 동화책을 보면서 하고, 샤워하다 빤히 성기를 쳐다보면 성기에 대해 알려 준다고 생각해 봅시다. 그러면 성교육이 훨씬 편하게 느껴지실 겁니다.

지금까지 부모가 성교육을 민망해하는 이유를 알아보고 부모가 성교육을 어떤 시각으로 봐야 하는지도 살펴봤습니다. 성교육은 특별한 날에 하는 교육이 아니라 일상에서 자연스럽게 행해지는 교육이 되어야 합니다. 일상 속 아이와 밀접한 상황에서 이루어지는 교육을 통해 아이들의 올바른 성 가치관과 성 행동이 확립될 수 있습니다.

우리 아이가 나에게 했던 성과 관련된 당황스러웠던 질문,
아래에 적어 볼까요?

아이가 질문을 했을 때 아이에게 어떻게 설명하였나요?

아이에게 어떻게 설명하면 좋을지 적어 보세요.
(팁: 사실 그대로, 아이가 어리다면 어려운 용어는 빼고, 담담하게 설명해 봐요.)

3

성교육=성관계?
어떻게 해야 하죠?

우리가 성교육을 어려워하는 이유는 성을 성관계로만 연결해서 생각하기 때문입니다. 성교육이라 하면 성기, 월경, 자위행위, 임신, 피임, 성관계 등에 한정해서 생각하게 됩니다. 하지만 성교육은 성에 대한 지식을 학습하는 것과 더불어 성에 대한 태도와 가치, 신념을 형성하여 성적으로 건강한 삶을 위한 기초를 만드는 생애 전반에 걸친 학습입니다. 즉, 쉽게 이야기해서 살아감에 있어 필요한 성에 대한 가치관을 형성하는 교육입니다.

그렇다면 성교육을 어떻게 해야 할까요?
'부부일심동체'라는 말이 있죠?
잘 기억해 뒀다가 아이들의 성교육에 적용해 봅시다.

첫째, 부부가 함께

자녀와 동성인 부모가 성교육을 해야 한다고 생각할 수 있습니다. 하지만 엄마와 아빠의 역할을 따로 구분 지을 필요는 없습니다. 부모 중 누구든 자녀가 질문했을 때 대화하고 있던 사람이 하는 것이 좋습니다. 혹은 누구든 성교육에 대한 내용을 쉽게 설명할 수 있다면 부모를 구분하지 않고 교육하는 것이 좋습니다.
예를 들어서 아빠가 어린 딸과 함께 놀다가 "아빠, 아래가 간지러워."와 같은 말을 한다면 얼마나 가려운지, 빈도는 어떻게 되는지 등 아이가 다른 곳을 아파할 때와 같이 반응해 주면 됩

니다. 아빠가 당황하여 "엄마한테 말할까?"라고 말하며 회피
하면 아이가 성기가 아픈 것은 이야기하면 안 된다고 인식할
수도 있습니다.

둘째, 일상 속에서 자연스럽게, 심각하지 않게

무엇보다 중요한 것은 일상 속에서 자연스럽게 성교육을 해
야 한다는 겁니다. 그러기 위해서는 부모가 성에 대해 어색해
하거나 민망해하지 않아야 합니다. 태어나서 내 몸을 깨끗하
게 씻고, 내 몸을 알아 가고, 몸이 성장해 가고, 사춘기를 겪고,
어른이 되어 가고, 사랑하고, 성관계를 경험하고, 아이를 낳고
기르는 이 모든 것이 '성'입니다. 이렇게 보면 성이라는 것은
삶이라는 것을 아시겠죠? 삶의 이야기를 자녀와 나누는 것입
니다. 가정 내에서 인위적으로 계획된 성교육은 부모와 자녀
모두 불편할 수 있습니다. 그러니 일상 속에서, 그때그때 아이
의 질문에 따라, 상황에 따라 성교육을 하면 됩니다.

셋째, 동일한 내용으로

아이의 성별에 따라 나누어서 성교육을 해야 할까요? 남녀의
생식기 구조나 기능, 생리현상이 다르기 때문에 성별을 나누
어 성교육을 해야 한다고 생각할 수 있습니다. 물론 자녀의 성
별에 따라 더 자세하게 다루어야 하는 내용은 있을 수 있습니

다. 하지만 기본적으로 성교육은 아이가 남자와 여자에 대해서 모두 알도록 하는 것이 좋습니다.

예를 들어서 여성의 월경에 대한 교육을 할 때 남자아이에게도 월경 주기, 배란일, 임신 가능성이 높은 날 등에 대한 교육을 해야 합니다. 여자아이의 경우에는 직접 자신의 주기를 적어 보고 계산해 보는 교육을 추가로 해야 합니다.

넷째, 신체와 마음의 변화에 따라

앞서 둘째에서도 이야기했다시피 성교육은 자연스럽게 하는 것이 중요합니다. 따라서 자녀의 성장에 따라 필요한 내용을 알려 주는 것이 좋습니다. 유아 시기에 성에 관한 전반적인 지식을 습득하고 태도를 형성했다면 신체와 마음에 큰 변화를 겪게 되는 사춘기에는 그 변화에 대해 이야기를 같이 나누면 좋습니다.

여자아이들의 경우에는 평균 12세 전후에 월경을 경험하게 됩니다. 이때 월경이 무엇인지, 임신이 가능하다는 것, 성관계에 대한 것, 피임에 대한 것을 알려 주면 됩니다.

남자아이들의 경우에 평균 14세 전후에 몽정을 경험하게 됩니다. 이때 몽정, 사정이 무엇인지, 임신, 성관계, 피임에 대한 것을 알려 주면 됩니다.

사춘기 시기에는 성호르몬이 왕성하게 활동하게 되므로 이성에 대한 호기심이 많아집니다. 이때 사랑, 연애, 이성 교제에 대한 생각을 나누는 것도 좋은 방법입니다.

너무 어렸을 때부터 성관계에 대해 가르치는 건...

"여자아이들의 경우에는 평균 12세 전후에 월경을 경험하게 됩니다.

이때 월경이 무엇인지, 임신이 가능하다는 것, 성관계에 대한 것,

피임에 대한 것을 알려 주면 됩니다.

남자아이들의 경우에 평균 14세 전후에 몽정을 경험하게 됩니다.

이때 몽정, 사정이 무엇인지, 임신, 성관계, 피임에 대한 것을 알려 주면 됩니다. "

선생님, 이렇게 말씀하셨는데

너무 어릴 때부터 성관계, 피임에 대해 알려 주는 거 아닌가요?

요즘 아이들은 빠르면 초경과 첫 몽정을 초등학교 시기에 경험합니다. 아이들의 신체 발달에 맞추어 성교육을 하라고 했는데 그러면 초등학생들에게 성관계, 피임에 대해 설명하라는 걸까요? 네, 맞습니다. 아이의 신체가 변하면 그 변화가 무엇인지 설명하고, 대처 방법을 설명하면서 자연스레 같이 성관계, 피임에 대한 이야기도 하면 됩니다.

예를 들어 초등학교 4학년 여자아이가 첫 생리를 한다면 생리를 왜 하는지, 생리대는 어떻게 차야 하는지, 옷에 생리혈이 묻었을 때 어떻게 하면 좋을지 등에 대해 설명할 겁니다. 그러면서 동시에 생리를 한다는 것은 아이를 가질 수 있다는 것과 성관계, 임신, 피임에 대한 이야기도 하는 겁니다.

초등학생에게 성관계, 피임에 대한 이야기를 세세하게 수위 높게 하기란 당연히 어려운 문제입니다. 예를 들어 성관계라는 개념을 가르칠 때 초등학교 중학년에게는 간단하게 남녀가 사랑하고 성기를 삽입하는 과정 정도까지 알려 주면 됩니다. 사춘기 시기에는 좀더 삽입 과정을 자세하게 그리고 남녀 간의 사랑이라는 감정과 연애에 대해 더 중점을 두어서, 또 직접적으로 조심해야 하는 임신, 피임까지 가르치는 것입니다.

잠시 수학 교육과정의 이야기를 꺼내 보겠습니다. 수학 교육과정에서 핵심은 나선형 교육과정입니다. 나선형 교육과정은 브루너(Bruner, J.)가 제안한 개념으로 동일한 성격의 내용을 학습자의 수준이 높아짐에 따라 더 폭넓게, 더 깊이 있게 제공해야 한다는 교육 이론입니다.

성교육에 나선형 교육과정을 접목하여 성교육에서 같은 개념이라도 어린 시기에는 쉬운 단어로 적정 수준까지만 교육하고, 성장한 뒤에는 좀더 자세한 용어로, 행위를 구체적으로 교육하라는 겁니다.(출처: 유네스코 국제 성교육 가이드)

유네스코 국제 성교육 가이드도 성교육에 나선형 교육과정 방식을 사용하여 내용 구성을 제시하였습니다. 성교육의 핵심 개념은 동일하면서, 이전 학습을 바탕으로 복잡성이 증가하고 주제 관련 내용이 반복되도록 내용을 제시했습니다.

우리 아이 성교육,
사춘기부터 해도 될까요?

아이가 생리를 시작하고 나서부터 성교육을 하고 싶어요.

괜히 어릴 때부터 교육해서 이성에 대해 일찍 눈을 뜰 것 같아 걱정이에요.

우리나라는 성에 대해 보수적이고 성에 대한 이야기를 꺼려하기에 초등학교 고학년 시기 이후로 성교육을 시작하는 편입니다. 하지만 성교육을 시작하기에 가장 좋은 시기는 3~5세부터입니다. 유네스코 성교육 지침서에 따르면 어린 시기인 5세부터 성교육을 시작할 것을 권고하고 있습니다.(출처: 유네스코 국제 성교육 가이드)

아이들은 3세부터 남녀 신체의 차이에 대해 인지하고 궁금해하기 시작합니다. 예를 들면 "왜 엄마는 고추가 없어?" 같은 질문을 합니다. 그런데 이런 시기에 부모가 대화를 꺼려 한다면 아이는 성에 대해 부끄러운 것, 감춰야 하는 것, 내 질문이 잘못된 것이라는 생각을 갖게 됩니다. 성에 대해 알기 전에 아이들이 부정적 느낌을 먼저 가지게 된다는 겁니다.

3~5세부터 성교육을 해야 한다고 하니 막막하시죠? 음경과 같은 성기의 명칭을 알려 주거나 성에 관한 책을 읽혀야 한다고 생각하지 마시고 실생활과 밀접하게 성을 자연스럽게 받아들이도록 하는 것부터 시작하면 됩니다.

아이가 "왜 엄마는 고추가 없어?"라고 질문하면 남자와 여자의 신체 차이에 대해 알려 주면 됩니다. 성기 명칭을 굳이 이야기할 필요는 없습니다. 남녀는 신체 차이가 있고 비슷한 기능을 하는 다른 부분이 있다고 간단하게 알려 주면 됩니다. 손을 씻고 목욕하는 방법을 알려 주면서 자기의 생식기를 깨끗하게 씻는 방법을 알려 줍니다. 남자와 여자가 생식기를 씻는 방법이 다르다는 것도 알려 줍니다. 공중화장실에 가게 되면 남자와 여자가 다른 화장실을 쓰는 이유를 알려 줍니다. 초경을 하면 그냥 생리대를 사 주는 것이 아니라 월경에 대해 설명하고 임신과 출산에 대한 이야기도 합니다. 남자아이라면 여자아이가 초경을 시작할 시기에 월경에 대해 이야기해 줍니다.

그저 아이가 커 가는 단계에 맞춰 아이가 궁금해하는 호기심에 맞춰 설명해 주면 됩니다. 아이의 성장에 맞춰서 어릴 때는 쉬운 표현으로, 좀 더 크면 구체적으로 사용하는 단어를 바꿔서 설명해 주면 됩니다.
'성교육'이라고 생각하니 어려운 것이 되어 버립니다. 그냥 살아가는 데 필요한 교육이라고 생각하고 아이들에게 알려 주세요.

어릴 때부터 성교육을 시작하면 더 큰 장점이 있습니다. 유아 시기의 아이들은 성을 그저 성으로만 봅니다. 부끄러워하지 않고 자신의 성기를 아빠에게 보여 주거나 유치원에서 성기를 만지는 행동을 합니다. 어른들처럼 성을 19금으로 보지 않고 그저 성으로 바라봅니다. 이런 시기부터 부모가 자녀와 자연스럽게 성에 대해 이야기하는 가족 문화를 형성하면 아이가 사춘기가 되고, 성인이 되어서도 부모와 성에 대한 이야기를 자연스럽게 나눌 수 있습니다.

5

요즘 아이들,
어디에서 그런 걸 알게 되나요?

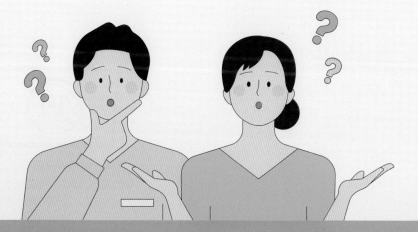

● 인스○그램

초등학교 고학년, 6학년 아이들 중에는 인스○그램을 사용하는 아이들이 많이 있습니다. 인스○그램에 #큰가슴, #f컵 등과 같이 태그를 검색하면 가슴이 드러난 피드들을 볼 수 있습니다.

▶ 유○브

핸드폰만 사용할 줄 알면 요즘 아이들 대부분이 유○브를 시청하고 있죠? 유○브에 19요가, h컵 가슴 등을 검색하면 적나라한 영상들이 나옵니다.

예시로 말씀드린 것들은 성인인 제 기준으로 어떻게 검색하면 나올까를 생각하여 찾아본 방법입니다. 요즘 아이들은 인터넷을 더 잘 알고 잘 활용하기에 이보다 더 많은 방법들을 알고 있을 것입니다. 또 과거와 달리 인스○그램, 페이○북, X(트○터), 유○브 등 여러 채널에서 야한 영상, 사진을 생산해 내는 사람들이 많이 있습니다. 그래서 보고자 한다면 보는 것이 어렵지 않습니다.

그러니까 결론은 부모님들이 아무리 막는다고 해도 스마트폰만 있으면 아이들은 얼마든지 찾아볼 수 있다는 겁니다. 그렇다고 스마트폰 사용, 인터넷 접속을 완전히 막을 수 있을까요? 그건 불가능한 이야기입니다.

이제는 못 보게 하는 것에서 어떻게 하면 아이가 자기 주관을 가지고 볼 수 있을까를 고민하는 것으로 넘어가셔야 합니다. 아이가 성장해 가는 시기에 야동 등 야한 콘텐츠를 보는 것은 자연스러운 행위입니다. 그렇기에 무작정 막기보다는 아이들이 바른 인식을 가지고 보도록 해야 합니다. 바른 영상을 선별해서 보여 주라는 것이 아닙니다. 아이들이 스스로 선별해서 보거나 성에 대해 바른 인식을 가지고 보도록 해야 합니다.

우리는 일상에서 예의 바르게 해라, 훔치지 말아라, 때리지 말아라 등의 인성 교육을 합니다. 하지만 뉴스에는 도둑, 폭력범들이 나오고 아이들 주변에도 예의 바르지 않은 아이, 친구를 괴롭히는 아이가 있습니다. 그렇다 해도 바른 인성을 함양하고 있는 아이라면 스스로 좋지 않은 행동에 대한 판단을 하고 자신의 행동을 바르게 합니다. 이처럼 음란물을 무작정 막기보다는 바른 성 인식을 가지고 스스로 콘텐츠를 선별하도록 아이를 도와주어야 합니다.

한 걸음 더

나이제한 설정을 해 놓으면 안심?

▶ 유○브

'19안걸리는', '19나이제한' 등으로 검색할 경우 성인 인증을 하지 않고 19금 영상을 보는 방법이 나옵니다. 다양한 방법에 대한 영상이 올라와 있었습니다. VPN을 이용하여 한국 IP주소를 인도 IP주소로 바꿔서 19금 영상을 시청할 수 있도록 하는 방법도 나와 있었습니다.

#short
유○브 나이제한 없이 보는 법2(모바일)

유○브 19금 제한 풀기(성인인증 안하는 방법)
조회수 60,780회 · 2021. 10. 18.
 구독

■ 포털 사이트

포털 사이트에도 마찬가지로 '19나이제한 푸는 법' 등과 같이 검색하면 '유○브 나이제한 푸는 방법', '구○ 나이제한 푸는 방법' 등 다양한 방법이 나와 있습니다. 미성년자 자녀를 둔 부모라면 유○브에서 미성년자 제한 모드를 설정해 놓을 겁니다. 그러나 제한 모드를 풀고 영상을 볼 수 있는 방법 역시 제시되어 있습니다.

초보 엄마아빠를 위한
성교육 꿀팁

❶ 아이들의 질문에 대한 답변부터 시작하기

가장 쉬운 성교육 방법은 아이의 질문에 답변하는 것입니다. 대부분의 부모님들은 성교육을 어디서부터 어떻게 해야 하는지에 대한 고민을 많이 합니다. 주제가 성이다 보니 앉아서 가르치기도 민망하고 무엇보다 "무엇부터 알려 줘야 하는지" 막막합니다. 이러한 고민을 모두 해소할 수 있는 방법이 있습니다. 그것은 바로 아이의 호기심을 해소해 주는 성교육입니다!

먼저, 아이가 성에 대한 질문을 하면 그에 적절한 대답을 합니다. 그런데 만약 바로 대답하기 어려운 주제라면 어떻게 해야 할까요?

"함께 알아볼까?"
"엄마가(아빠가) 잠시 생각해 보고 알려 줄게."
"아빠는(엄마는) 잘 모르겠어.
우리 엄마한테(아빠한테) 물어볼까?"

위와 같은 식으로 대응하고 아이의 호기심을 해결해 줍니다. 이때 중요한 점은 위와 같이 대답하고 답변을 주지 않으면 아이들은 성에 대한 질문을 하면 안 된다고 인식할 수 있습니다. 따라서 아이들의 질문에 대한 답변은 꼭 해 줘야 합니다.

❷ 당당하게 이야기하기

성교육을 할 때 무엇보다 중요한 점은 부모님이 당당하게 성에 대해 이야기하는 것입니다. 성교육을 시작하기 좋은 나이는 3세부터입니다. 이때의 아이들은 '성'을 '야한 것'으로 인식하지 않습니다. 성을 '야한 것'으로 인식하고 성에 대해 부끄러워하는 것은 어른들입니다. 아이들은 어른들의 태도를 빠르게 학습합니다. 따라서 성에 대해 아이가 질문했을 때 부모가 당황해하거나 부끄러워하는 모습을 보이면 아이는 '성=부끄러운 것'으로 인식할 수 있습니다.

유아기는 성에 대한 전반적인 태도를 형성하는 데 중요한 시기입니다. 아이들이 성에 대해 긍정적인 태도를 형성할 수 있도록 부모가 자연스럽고 당당하게 성에 관해 이야기하는 것이 좋습니다. 그렇다고 과하게 당당하게 행동을 하라는 이야기가 아닙니다. 아침 식사 식단에 관해 이야기하듯이, 주말에 어디 놀러 갈지 이야기하듯이 이야기를 하면 됩니다.

❸ 생활 속에서 자연스럽게 하기

안전하게 횡단보도를 건너는 방법을 교육할 때 사진이나 동영상을 보면서 가르치는 것보다 어른과 함께 길을 건너면서 하는 교육이 더 효과적입니다. 성교육도 마찬가지입니다. 성은 우리의 삶과 밀접하게 연결되어 있기에 일상에서 성교육을 할 수 있는 상황들이 많습니다.

예를 들어 아이와 배변 훈련을 하면서 자연스럽게 소변을 보고 성기를 닦는 방법, 성기를 청결하게 유지해야 하는 이유, 성기가 아플 때 대처하는 방법 등을 알려 줄 수 있습니다.
그리고 엄마와 아빠가 뽀뽀를 하면서 사랑하는 사이에 나눌 수 있는 스킨십, 엄마와 아이가 하는 뽀뽀와 엄마와 아빠가 하는 뽀뽀의 차이(관계성에 따른 스킨십의 차이)를 알려 줄 수 있습니다. 또 엄마가 생리를 할 때 생리, 임신, 출산, 생명 등에 대한 이야기도 나눌 수 있습니다.

성교육이 어렵다고 생각하는 분들이 많으실 겁니다. 하지만 의외로 우리 생활 속에는 성에 대해 이야기 나눌 수 있는 순간들이 많습니다. 그때를 놓치지 마시고 아이와 성에 대해 대화하는 장으로 만들어 봅시다.

❹ 3세 전후부터 시작하기

요즘은 스마트폰을 통해 성에 관한 사진이나 동영상을 손쉽게 접할 수 있습니다. 빠르면 1, 2학년부터, 대부분의 아이들이 3, 4학년에는 스마트폰을 사용하기에 부모 세대보다는 빠르게 성 관련 정보를 접하게 됩니다.
요즘은 가슴이나 엉덩이 등 신체를 노출하고 있는 사진, 몸매 평가나 섹스 후기 등 음담패설, 성과 관련된 농담 등이 가볍게 다뤄지고 있기에 아이들이 인터넷을 통해 무분별하게 성을 접하게 됩니다.

무분별한 성 정보를 통해 아이들은 왜곡된 성 인식을 형성할 수 있습니다. 그렇기에 아이들이 스마트폰을 사용하기 전에 성교육을 하는 것이 바람직합니다.

아이들이 부모의 이야기를 잘 받아들이는 저학년 시기까지는 늦어도 성교육을 해야 합니다. 사춘기가 시작되고 나서 아이와 이야기하려면 이미 아이는 부모의 이야기를 귀담아듣지도 않고 부담스러워할 수 있습니다.

❺ 아이들의 수준을 생각하기

성기에 대해 알려 줄 때 3세 아이에게 음경, 음순과 같은 표현을 꼭 일러 줘야 할까요?

초등학교에서 선생님들이 수업을 준비할 때 신경 쓰는 부분 중에 하나가 학년 수준에 맞는 언어 표현으로 가르치는 것입니다. 1부터 10까지의 수 중에 7이 포함되어 있다는 것을 이야기할 때 고학년 아이들에게는 '포함'이라는 단어를 사용하지만 1, 2학년 아이들에게는 '7이 들어가 있다.'라고 표현합니다.

성교육에서도 마찬가지입니다. 아이의 성장에 맞게 아이가 이해하고 표현할 수 있는 수준에서 알려 줘야 합니다. 예를 들어 아이가 어릴 때는 고추, 성기라고 알려 주고 어려운 표현을 이해할 수 있게 되면 음경, 음순, 요도 등과 같은 단어를 알려 주면 됩니다. 이런 시기는 아이들마다 다릅니다. 언어 발달이 빠른 친구들에게는 그 발달 수준에 맞게 빨리 알려 줘도 됩니다.

2장

초등학교 입학 전
우리 아이 성교육

1

내 몸을 어떻게 씻을까

우리 아이 성교육
무엇부터 시작해야 하나요?

자담쌤 교육 방법 들여다보기

교육 목표

- ✔ 아이가 자신의 몸을 깨끗하게 씻고 관리하는
  방법을 익히게 한다.

- ✔ 이를 통해 아이가 자신의 신체를 청결하게 유지하고자
  하는 태도를 기르게 한다.

집중 교육 포인트

- ✔ 자신의 몸을 깨끗하게 씻는 방법 익히기
- ✔ 몸을 깨끗하게 유지하고자 하는 태도 기르기

아이가 자신의 신체를 청결하게 유지하고 소중히 대하는 태도를 갖게 하는 것이 무엇보다 먼저 이루어져야 할 성교육 과제입니다.

학교에서 생활하다 보면 화장실에 다녀오거나 외부 활동을 하고 나서 손을 안 씻는 아이들, 급식을 먹고 양치하지 않는 아이들이 의외로 많습니다.

교실에서 한두 시간 청결 교육을 하면 며칠간은 잘 지키다가도 다시 원래 습관대로 돌아오는 것을 볼 수 있습니다.

아이들의 바른 씻기 습관 형성을 위해서는 유아 시기부터 씻기 습관을 잘 들이는 것이 중요합니다.

유아 시기에 씻기 습관을 잘 형성하기 위해서는 씻어야 하는 이유를 알려 주고 부모가 모범을 보이는 것이 중요합니다.

"너의 소중한 몸이 더러워도 될까?" 등과 같은 질문을 통해 아이들이 씻어야 하는 이유를 깨닫게 합니다.

외부 활동을 하고 나서 바로 손 씻기, 하루 생활을 하고 나서 샤워하기, 깨끗한 옷으로 갈아입기 등 부모가 먼저 모범을 보이고 아이들에게 할 수 있도록 합니다.

무엇보다 중요한 것은 부모가 일관성 있게 씻기 습관을 실천하는 것입니다.

또한 3~4세 아이들은 혼자서 이를 닦고 손을 씻을 수 있고, 혼자서 하는 것을 자랑스러워합니다.

이때 아이들이 제대로 못하더라도 부모가 나서서 도와주지 않고 스스로 했다는 사실을 칭찬해 주는 것이 아이들의 씻기 습관 형성에 도움이 됩니다.

아이와 함께하는 활동

아이와 함께 이야기 나누고 부모님께서 적어 주세요.

손 씻기 가장 귀찮은 순간은 언제일까요? 아래 예시와 같이 빈칸에 적어 보세요.

(예) 밖에서 놀고 들어와서 바로 맛있는 과자를 먹고 싶을 때

청결의 기본은 손 씻기입니다.

그런데 언제 손을 씻어야 할까요? 아래 빈칸에 적어 보세요.

밖에 나갔다 들어왔을 때

→ 비누로 손을 깨끗이!

❶
손 씻기

밖에 나갔다 들어와서, 장난감을 가지고 놀고 나서, 손이 더러워졌을 때는
비누를 이용해서 손을 깨끗하게 씻는 습관을 들이는 것이 중요합니다.
아이가 손 씻기를 귀찮아할 때는 이렇게 이야기해 주세요.

> 우리 눈에는 보이지 않지만 네가 무언가를 만지고 나면
> 손에는 세균이 득실득실해.
> 세균들은 네 몸을 아프게 할 수 있어.
> 그래서 올바른 방법으로 손을 씻는 것이 중요해.

세균은 물로만 씻으면 제대로 씻기
지 않습니다. 꼭 비누를 이용해서 씻
어야 하죠.
아이에게 올바르게 손 씻는 방법을
알려 주세요!

올바른 손 씻기 방법 7단계

①

손을 흐르는 물에 적시고
비누로 거품 내기

②

손바닥과 손바닥을
마주 대고 문지르기

③

손가락을 마주 잡고
문지르기

④

손바닥으로 손등을 문지르기
(양손을 번갈아 가면서 해요.)

⑤

엄지손가락을 다른 손바닥으로 문지르기
(양손을 번갈아 가면서 해요.)

⑥

손바닥을 마주 대고 깍지 끼고 문지르기
(손가락 사이사이가 깨끗해지도록 해요.)

⑦

손가락을 다른 손바닥에 문지르면서
손톱 밑을 깨끗하게 하기
(양손을 번갈아 가면서 해요.)

아이와 함께하는 활동

아이와 함께 이야기 나누고 부모님께서 적어 주세요.

하루 생활을 하고 나면 눈에 잘 보이지 않아도 우리 몸에는 먼지와

세균들이 있을 수 있어요. 그래서 몸을 깨끗하게 씻고 잠자리에 들어야 해요.

샤워를 하고 나면 어떤 느낌이 들까요? 예시와 같이 아래 빈칸에 적어 보세요.

(예) 상쾌한 느낌, 개운한 느낌

❷
샤워하기

올바른 샤워 방법 6단계

1단계 옷과 속옷을 벗고 몸에 물을 묻히기

2단계 거품을 낸 샤워 타월을 몸에 문지르기

3단계 손이 잘 닿지 않는 등, 겨드랑이 같은 부분까지
구석구석 거품으로 문지르기

4단계 물로 거품을 깨끗하게 씻기
(목 뒤나 등처럼 잘 보이지 않는 곳에 있는 거품까지 깨끗하게 씻어요.)

5단계 수건으로 물기가 남아 있지 않도록 닦기

6단계 씻은 후에는 깨끗한 옷으로 갈아입기

❸
성기 씻기

하루에 한 번 성기를 씻어요.

성기를 씻을 때는 박박 문지르지 않고 부드럽게 씻어야 해요.

샤워기를 성기에 가까이 대고 씻으면 성기가 아플 수 있어요.

샤워기를 멀리 두고 흐르는 물에 씻도록 해요.

성기를 씻을 때는 비누를 사용하지 않고 물로만 씻어요.

성기를 씻는 바른 방법 4단계

1단계 먼저 손을 비누로 깨끗하게 씻기

2단계 흐르는 따뜻한 물에 성기를 살살 씻기

3단계 부드러운 수건으로 살살 눌러 주듯이 닦기

(이때 물기가 남아 있지 않도록 해요.)

4단계 씻은 후에는 꼭 깨끗한 속옷으로 갈아입기

 잠깐만요! 아이에게 일러 주세요!!

여자아이들은 성기를 씻을 때 주의해야 해.

엉덩이에 세균이 많아서 뒤에서 앞으로 씻으면 성기에 세균이 들어갈 수 있어.

성기에 세균이 들어가면 가려울 수 있어.

그러니 꼭 앞에서 뒤로 씻어야 해.

2

소중한 나의 몸

'음경', '음순'이라는
낱말을 알려 줘야 하나요?

아빠는 왜 고추가 있냐는
질문에 어떻게 대답해야 하나요?

자담쌤 교육 방법 들여다보기

교육 목표

- ✔ 아이가 자신의 신체를 살펴보고, 이해하고,
  있는 그대로 자신의 신체를 받아들이도록 한다.

- ✔ 이를 통해 아이가 궁극적으로 자신의 신체를
  사랑하도록 한다.

집중 교육 포인트

- ✔ 나의 신체 부위 알기

- ✔ 남자와 여자의 신체 부위 비교하기

- ✔ 내 몸을 소중히 여기고 사랑하는 마음가짐 갖기

성기의 명칭을 이야기할 때 '소중이', '보물'과 같이 다른 것과 혼동이 될 수 있는 단어보다는 '성기', '고추', '잠지'와 같이 명확히 누구나 성기로 인식할 수 있는 단어로 불러야 합니다.

'잠지'의 경우 표준국어대사전에 따르면 '남자아이의 성기를 완곡하게 이르는 말.'이지만 사회 통념상 여자아이의 성기를 지칭하는 단어로 사용됩니다.

따라서 여자아이의 성기를 '잠지'라고 말해도 괜찮습니다.

성기의 명칭을 아이와 살펴보는 이유가 무엇일까요? 성기가 가렵거나 아플 때, 누군가 아이의 성기를 만지거나 다치게 했을 때 등과 같이 아이가 성기를 말해야 하는 상황에서 아이와 원활하게 소통하기 위해서입니다.

따라서 누가 들어도 성기를 지칭하는 것으로 이해할 수 있는 단어로 성기를 말할 수 있도록 아이에게 알려 주어야 합니다.

"우리들의 이름처럼 우리 몸에도 예쁜 이름이 있어요."

아이랑 읽어도 좋아요.

아이가 자기 몸을 자세히 살펴본 적이 있을까요?

얼굴은 매일 세수하면서 살펴보게 되지만 몸 구석구석까지

살펴본 적은 거의 없을 거예요.

아이와 함께 거울을 이용해서 자기 몸을 살펴보는 시간을 가져 보세요.

내 발에는 점이 있는지?

몇 번째 발가락이 제일 긴지?

내 종아리는 몇 뼘인지?

내 가슴은 어떻게 생겼는지?

·

·

·

거울을 이용해 몸을 살펴보면서 남들과는 다른 내 몸의 특징에 대해 아이와 이야기를 나누고 이어지는 활동지에 아이가 자신의 신체 특징을 그려 볼 수 있게 해 주세요.

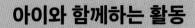

아이와 함께하는 활동

소중한 내 몸을 살펴보고 기억에 남는 부분들을 아래 그림에 그려 봐요.

몇 번째 발가락이 제일 긴가요?

아이와 함께하는 활동

소중한 내 몸을 살펴보고 기억에 남는 부분들을 아래 그림에 그려 봐요.

◇ 아이의 눈높이에 맞게 설명해 주세요!

우리 몸에는 오줌이 나오는 곳이 있어.

그곳을 성기라고 불러.

남자들의 성기는 몸 밖으로 나와서 눈으로 보기 쉽지만

여자들의 성기는 눈으로 보기 어려워.

거울을 가지고 와서 살펴볼까?

어떻게 생겼어?

한번 말해 볼까?

아이가 말한 내용을 아래 빈칸에 적어 보세요.

(예) 구멍이 두 개 있다.
　　　점이 한 개 있다.

남자와 여자의 성기가 다르게 생겼다는 거 알고 있었니?

여자의 성기는 안으로 들어가 있고, 남자의 성기는 밖으로 드러나 있어.

이렇게 다르게 생겼단다.

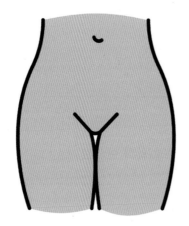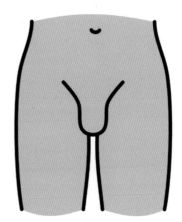

성기를 '거기, 소중이, 보물, 고추, 잠지' 등 여러 가지 이름으로 부를 수 있어요.

그런데 '거기, 소중이, 보물' 등으로 부르면 다른 것과 헷갈릴 수도 있어요.

그래서 '성기'라고 부르거나 남자아이들의 성기는 '고추',

여자아이들의 성기는 '잠지'로 부르는 게 좋습니다.

✎ 아이에게 자신의 성기를 뭐라고 부르고 싶은지 물어 보세요.

나는 '＿＿＿＿＿＿＿＿＿＿＿＿＿＿＿' 라고 말하고 싶어요.

🔔 **잠깐만요! 아이에게 일러 주세요!!**

고추와 잠지를 만지고 싶고, 보고 싶을 때가 있을 거야. 성기는 다른 사람 앞에서 만지거나 보면 안 되는 곳이야. 그러니까 유치원에서나 길거리에서 다른 사람과 함께 있을 때는 보거나 만지면 안 돼.

3

여자도 서서 소변을 볼 수 있을까

유치원에서 남자 친구가 서서
오줌을 누는 걸 보고 자기도 서서
소변을 보고 싶다고 해요.
어떻게 알려 줘야 할까요?

자담쌤 교육 방법 들여다보기

교육 목표

- 남자와 여자의 성기 생김새가 다름을 이해한다.
- 남자 화장실과 여자 화장실의 차이점을 이해한다.
- 이를 통해 남자와 여자의 다름을 알고 성별에 따른 차이점을 있는 그대로 받아들이도록 한다.

집중 교육 포인트

- 남자와 여자 신체의 다름에 대해 이해하기
- 남자와 여자 신체의 다름으로 인한 화장실 이용 방법의 차이점 알기
- 성별에 따른 차이점을 인정하고 존중하기

여자아이들은 남자들이 서서 소변 누는 것을 보고는 "왜 나한테는 저거 (고추)가 없어?"라는 질문을 합니다.

몇몇 여자아이들은 남자와 똑같이 서서 소변을 누고 싶어 하고, 유치원이나 가정에서 소변을 서서 누다가 소변에 옷이 젖는 경우도 있습니다.

이럴 경우 가정에서 성별에 따른 신체의 생김새에 대해 알려 주고 서로의 다른 점을 이해하고 존중할 수 있도록 합니다.

공중화장실을 처음으로 사용하게 되면 아이들이 여자와 남자의 화장실이 어떻게 다른지 궁금증을 가집니다. 이럴 때는 남자와 여자 신체의 생김새가 달라서 남자는 서서, 여자는 앉아서 소변을 누는 것이 편하기 때문에 화장실이 다르다는 것을 알려 줍니다.

2022년 6월부터 만 4세 이상 아이는 이성의 목욕탕, 탈의실에 출입이 제한됩니다. 이와 동일한 맥락에서 혼자서 화장실을 사용할 수 있다면 남자아이는 남자 화장실을, 여자아이는 여자 화장실을 사용해야 함을 알려 줘야 합니다.
이를 통해 아이가 독립적으로 자기 관리를 할 수 있도록 합니다.

여자는 앉아서 오줌을 누고, 남자는 서서 오줌을 눕니다.

| 남자가 오줌 누는 방법 | 여자가 오줌 누는 방법 |

남자아이들은 궁금해합니다.

'여자애들은 똥 누는 것도 아닌데 왜 앉아서 오줌을 누지?'

여자아이들은 궁금해합니다.

'남자는 오줌을 눌 때 서서 눈다고?'

남자와 여자가 오줌 누는 자세가 다른 이유는

성기의 생김새가 다르기 때문이야.

너도 알고 있는 것처럼 남자의 성기는 몸 밖으로 나와 있어.

여자의 성기는 몸 안에 들어가 있어.

그리고 성기에는 오줌이 나오는 길이 있어.

그래서 남자는 서서 오줌을 눠도 다리나 몸에 오줌이 묻지 않지만

여자는 서서 오줌을 누면 허벅지에 흐를 수 있어.

그래서 여자는 앉아서 오줌을 누는 거야.

남자와 여자의 성기가 다르게 생겼기 때문에

오줌을 누는 방법이 달랐던 거였어.

이제는 서로 다르다는 걸 이해할 수 있겠지?

그래서 공중화장실의 남자 화장실과 여자 화장실도 다르게 생겼어.

집이 아닌 다른 곳에서 화장실 사용해 본 적 있지?

지하철, 학교, 공원 등과 같은 장소에 여러 사람이 사용할 수 있도록

설치된 화장실을 공중화장실이라고 해.

집과는 달리 공중화장실은 남자 화장실과 여자 화장실이 따로 있어.

남자 화장실

→ 앉아서 똥과 오줌(대소변)을 눌 수 있는 양변기가 있어.

→ 서서 오줌(소변)을 눌 수 있는 소변기가 있어.

남자 화장실에만 소변기가 있어.

소변기에서 소변을 볼 때는 발을 맞추고 서
야 해. 발을 잘 맞추어서 소변이 바닥이나 소
변기 옆으로 떨어지지 않도록 하는 거지. 다
른 사람의 소변을 보게 되면 기분 나쁘겠지?

이렇게 해요.

이렇게 하지 않아요.

→ 앉아서 대소변을 볼 수 있는 양변기만 있어.

여자들은 대변을 보고 나서 휴지로 앞에서 뒤쪽으로 엉덩이를 닦아야 해.

대변에는 여러 세균들이 있어. 뒤에서 앞으로 닦으면 대변이 성기에 닿아 병이 생길 수 있어.

그러니 여자들은 대변을 보고 대변이 성기에 묻지 않도록 휴지로 앞에서 뒤쪽으로 엉덩이를 닦도록 해야 해.

화장실
사용 예절

혼자서 화장실을 갈 수 있다면 남자는 남자 화장실에, 여자는 여자 화장실에 가야 해.

여자 화장실에 남자가 들어오거나 남자 화장실에 여자가 들어온다면 다른 사람들이 불편해하겠지?

○, × 퀴즈를 통해 아이가 여자 화장실과 남자 화장실에 대해
잘 알고 있는지 확인해 보세요.

질문 1	남자아이들은 특별해서 소변기가 있다.	○ , ×

질문 2	남자들이 소변기에서 소변을 눌 때, 최대한 멀리 떨어져서 소변을 눈다.	○ , ×

질문 3	혼자서 볼일을 볼 수 있을 때가 되면 혼자서 화장실을 간다.	○ , ×

여자들은 대변을 보고 어떻게 닦는 것이 좋을까요? 아이와 이야기를 나눠 보세요.

앞에서 뒤로...

질문 1 ✕

남자와 여자는 성기의 생김새가 다르다.

그래서 남자 화장실에만 소변기가 있다.

질문 2 ✕

소변이 소변기와 소변기 주변 바닥과 벽에 튀지 않도록

소변기에 가까이 서서 눈다.

질문 3 ○

남자 화장실에는 남자만, 여자 화장실에는 여자만 간다.

4

올바른 화장실 예절

유치원에서 화장실을
잘 사용할 수 있을지 걱정이 돼요.

자담쌤 교육 방법 들여다보기

교육 목표

- ✓ 화장실 사용 방법과 화장실 사용 예절을 이해한다.
- ✓ 이를 통해 아이가 화장실을 사용하면서 타인을
  배려하는 마음을 기르도록 한다.

집중 교육 포인트

- ✓ 올바른 화장실 사용 방법 알아보기
- ✓ 화장실을 사용할 때 예절 지키기

초등학교 1학년 아이 중에는 휴지로 뒤처리를 깨끗하게 못하는 아이, 화장실 이용 후 물을 내리지 않는 아이, 화장실을 혼자 못 가는 아이, 옷을 벗고 제대로 입지 못하는 아이 등 의외로 화장실 사용 방법을 모르는 아이들이 많습니다.

또 공중화장실을 사용할 때 한 줄 서기, 노크하기, 화장실 문 잠그기, 깨끗하게 사용하기 등 공중화장실 사용 예절을 모르는 아이들도 많습니다.

따라서 아이들이 공중화장실을 잘 사용할 수 있도록 사용 방법과 예절을 알려 줘야 합니다.

한 줄 서기, 화장실 문 잠그는 방법, 변기 뚜껑 사용 방법, 휴지 바르게 버리는 방법, 꼭 물 내리기, 볼일을 보고 난 뒤에는 손 씻기 등 다양한 공중화장실 사용 예절을 알려 줍니다.

화장실 사용 예절을 익히면서 자연스럽게 성교육을 할 수 있습니다. 소변과 대변을 보고 깨끗하게 닦는 방법을 이야기하면서 성기를 청결하게 유지하는 방법에 대해 알려 줄 수 있습니다. 또한 성기를 청결하게 유지해야 하는 이유와 성기가 아플 때의 대처 방안도 알려 줄 수 있습니다. 속옷을 얼마나 자주 갈아입어야 하는지도 알려 줄 수 있습니다. 또한 자연스럽게 성기에 대해 알려 주는 기회로 삼을 수도 있습니다.

그뿐이 아닙니다. 타인과 함께 사용하는 화장실을 이용할 때 깨끗하게 사용함으로써 서로 배려하는 마음을 기르도록 할 수도 있습니다.

화장실 사용 예절

❶

한 줄 서기

화장실 앞에서 이렇게 서 있는 줄을 본 적이 있니?

화장실에서 기다릴 때는 한 줄로 서서 기다려야 해.

화장실 칸에서 한 사람이 나오면 한 사람이 들어가는 거야.

❷

화장실 문 잠그기

화장실 칸에 들어가면 이렇게 문을 잠글 수 있어.

여러 명이 함께 사용하는 화장실이기 때문에 문을 꼭 잠그고 사용해야 해.

❸

화장실을 깨끗이

그림 속 화장실을 봐. 너무 더럽지?

화장실 바닥에 휴지나 다른 쓰레기를 버리면 안 돼.

휴지는 변기 속에 버리고 쓰레기는 쓰레기통에 버려야 해.

 잠깐만요! 아이에게 일러 주세요!!

꼭 지켜야 할

화장실 사용 규칙

❶ 휴지는 적당히 사용하기

❷ 휴지를 바닥에 버리지 않기

❸ 변기 중앙에 잘 맞춰서 볼일 보기

❹ 화장실 칸을 나오기 전에 물을 내렸는지 확인하기

❺ 변기에 대소변이 묻은 곳이 없는지 살피기

❻ 화장실에서만 대소변을 보기

아이와 함께하는 활동

초성 퀴즈로 확인하는 화장실 사용 예절

화장실 사용 예절에 관한 이야기예요. 초성을 보고 낱말을 맞혀 보세요.

| 1 | 화장실 칸에 들어가기 전 |

❶ 한 줄 ㅅㄱ를 해요.

❷ 화장실 문에 똑똑 ㄴㅋ를 해요.

❸ 아무 소리가 들리지 않으면 ㅁ 을 열고 들어가요.

| 2 | 화장실 칸에 들어가서 |

❶ 화장실 ㅁ 을 잠가요.

❷ ㅂㄱ 뚜껑을 올려요.

❸ ㅇ 을 내리고 변기에 앉아요.

❹ 변기에 앉아서 볼일을 봐요.

❺ ㅎㅈㅈ로 깨끗하게 닦아요.

| 3 | 화장실 칸에서 나올 때 |

❶ ㅎㅈ는 변기에 넣고 변기 뚜껑을 닫아요.

❷ ㅁ 을 내려요.

❸ 옷을 입어요.

❹ 손을 ㅂㄴ로 깨끗하게 씻어요.

정답

| 1 | 화장실 칸에 들어가기 전

❶ 한 줄 **서기**를 해요.

❷ 화장실 문에 똑똑 **노크**를 해요.

❸ 아무 소리가 들리지 않으면 **문**을 열고 들어가요.

| 2 | 화장실 칸에 들어가서

❶ 화장실 **문**을 잠가요.

❷ **변기** 뚜껑을 올려요.

❸ **옷**을 내리고 변기에 앉아요.

❹ 변기에 앉아서 볼일을 봐요.

❺ **화장지**로 깨끗하게 닦아요.

| 3 | 화장실 칸에서 나올 때

❶ **휴지**는 변기에 넣고 변기 뚜껑을 닫아요.

❷ **물**을 내려요.

❸ 옷을 입어요.

❹ 손을 **비누**로 깨끗하게 씻어요.

5

난 지금 뽀뽀하기 싫은데...

엄마, 아빠, 할머니, 할아버지는
언제나 뽀뽀할 수 있는 거 아니에요?

자담쌤 교육 방법 들여다보기

교육 목표

✓ 자신의 감정을 정확하게 표현하는 방법을 이해한다.

✓ 이를 통해 아이가 자신을 존중하고 타인을 존중하는
마음을 기르도록 한다.

집중 교육 포인트

✓ 싫은 것은 싫다고 표현하기

✓ 나의 마음 존중하기

아이를 보면 어른들은 뽀뽀해 달라거나 안아 달라는 말을 합니다.
아이를 향한 애정을 표현할 수 있지만, 이때 아이의 마음에 관심을 기울
이는 어른은 많지 않습니다.

아이를 향한 애정 어린 포옹이나 신체적 접촉은 아이가 사랑받는다는
것을 느끼고 나아가 긍정적인 자아존중감을 형성할 수 있습니다.

하지만 아이가 원치 않을 때는 어른들도 아이들의 마음을 존중해야 합니다. 아이가 거절의 표현을 했음에도 아이의 마음을 무시하고 신체적 접촉을 하게 되면 아이가 '내 몸은 나의 것'이라고 인지하는 데 어려움이 있을 수 있습니다.

"네 몸을 만질 수 있는 사람은 너, 엄마, 아빠, 할머니, 할아버지야. 다른 사람이 네 몸을 만지려고 하면 '싫어요.' 하고 말해."라고 교육합니다.
여기서 빠진 내용이 있습니다.
바로 가까운 사람과의 신체 접촉이라 해도 아이가 원하지 않을 때는 거절해도 된다는 것입니다.
또한 부모님께서도 아이가 원치 않을 때는 신체적 접촉을 하지 않고, 시키지 않도록 해야 합니다.

◇ 아이의 눈높이에 맞게 설명해 주세요!

너는 뽀뽀를 하고 싶지 않았는데 어른들이 하라고 했던 적이 있니?

이럴 때 너는 어떻게 하니?

네 몸의 주인은 너야.

네가 하고 싶은 것, 하기 싫은 것은 네가 정하는 거야.

네가 하기 싫을 때에는 싫다고 말하면 돼.

🔔 잠깐만요! 아이에게 일러 주세요!!

싫을 때 어떻게 말하면 좋을까?	쪽쪽! 손을 잡거나, 안거나, 뽀뽀하는 것 말고도 다른 사람이 네 몸을 만지려 할 때가 있어. 이럴 때 싫다면 이렇게 이야기해. *"오늘은 뽀뽀하기 싫어요."* *"손 잡기 싫어요."* *"안고 싶지 않아요."*

❶ 손을 잡는 것은 좋아

엄마나 아빠와 손을 잡고 걸어간 적 있나요? 친구와 만나서 반갑다고 손을 잡고 인사한 적이 있나요? 이렇게 손을 잡는 것이 좋은 사람을 떠올려 봐요.

❷ 안는 것은 좋아

엄마나 아빠와 자기 전에 꼭 안고 "잘 자!"라고 인사한 적 있나요? 선생님과 만나서 안고 인사한 적이 있나요? 이렇게 안는 것이 좋은 사람을 떠올려 봐요.

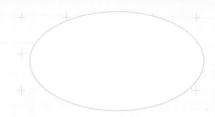

❸ 뽀뽀하는 것은 좋아

쪽쪽! 인형과 뽀뽀하기도 하고 엄마, 아빠와 뽀뽀하기도 해요. 뽀뽀하는 것이 좋은 사람을 떠올려 봐요.

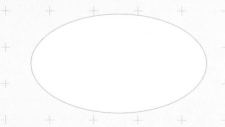

6

내 몸과 내 마음의 주인은 나

아이가 친구가
하고 싶어 하는 놀이만 해요.
어떻게 하죠?

자담쌤 교육 방법 들여다보기

교육 목표

☑ 자신의 행동을 스스로 결정하고 표현하는 방법을 이해한다.

☑ 이를 통해 아이가 자신의 생각과 결정을 다른 사람에게
표현하고 타인의 결정을 이해하는 힘을 기를 수 있도록 한다.

집중 교육 포인트

☑ 내가 하고 싶은 것, 하기 싫은 것 표현하기

☑ 자신의 행동을 스스로 선택할 수 있는 주체성 기르기

☑ 다른 사람의 결정 존중하기

내 몸에 대한 결정, 내 행동에 대한 결정과 같이 나에 관한 전반적인 일을 스스로 결정할 수 있는 힘을 '자기결정권'이라고 합니다.

대다수의 가정에서 아이들 행동의 많은 부분을 부모가 결정해 줍니다. 간단하게는 입을 옷부터 식사 메뉴, 주말에 놀러갈 장소까지 부모의 결정에 아이들은 따라갑니다.

물론 아직 아이들은 스스로 판단하기 어렵기에 어른의 도움이 필요합니다. 하지만 아이가 커 갈수록 서서히 스스로 결정하는 연습을 시작해야합니다.

몇 시에 일어나서 준비를 할지, 어떤 옷을 입을지, 주말에 어디로 가고 싶은지 일상 속의 일들에 대해 아이의 의견을 물어 봅니다.
이때 아이는 아직 어리기 때문에 어른의 도움이 필요하다는 점은 염두에 두어야 합니다.

만약 아이가 스스로 결정하는 것을 어려워할 때는 어떻게 해야 할까요? 한겨울에 반팔을 입겠다고 하면 어떻게 해야 할까요? 이런 문제가 예상될 때는 아이에게 부모가 생각하는 몇 가지 선택지를 제시해 주시면 됩니다. 아이가 제시된 선택지 중에서 자신이 원하는 것을 선택할 수 있게 유도해 보세요.

일상에서의 일을 스스로 선택하는 경험을 통해 스스로 결정하고, 자신의 결정을 표현할 수 있는 아이로 키울 수 있습니다.

◇ 아이의 눈높이에 맞게 설명해 주세요!

물론 지금 네가 하고 싶은 일이 있어도 해야 하는 일이 있다면
해야 하는 일을 먼저 하고 그다음에 하고 싶은 일을 해야 해.

해야 하는 일 ⟶ 하고 싶은 일

밖에서 놀고 와서 손 씻기 ⟶ 간식 먹기

다른 사람이 너에게 무언가 하자고 했을 때 너의 생각을 말할 수 있어.
내 몸과 내 마음의 주인은 나야.
내가 할 일을 스스로 결정하도록 해야 해.

유치원에서 나는 책을 읽고 싶은데 친구가 소꿉놀이를 하자고 해서 소꿉놀이를 한 적이 있나요? 여러분도 자신이 하고 싶은 것을 스스로 정할 수 있어요.

그럼 지금 내가 하고 싶은 것을 생각해 볼까요?

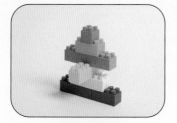

블록 쌓기

인형 놀이

텔레비전 보기

책 읽기

그림 그리기

놀이터 가기

그림 중에서 지금 하고 싶은 것이 있나요?

지금 내가 하고 싶은 것을 말로 표현해 봐요.

"나는 지금 _____ 하고 싶어요."

7

고추가 간질간질

아이가 성기를 바닥에 대고
문지르는 행동을 해요!

유치원에서 친구가
성기를 만졌대요!

어떻게 이야기해야
하나요?

자담쌤 교육 방법 들여다보기

교육 목표

- ✔ 아이가 유아 자위행위, 성적 놀이에 대한 올바른 방법을 익히도록 한다.
- ✔ 이를 통해 아이의 성적 호기심을 바르게 해소하고 긍정적인 성 태도를 기르도록 한다.

집중 교육 포인트

- ✔ 올바른 성적 놀이 방법 익히기
- ✔ 긍정적인 성 태도 기르기

아이들은 본능적으로 자신의 생식기에 호기심이 많고 다른 친구들의 신체를 탐색하고 싶어 합니다. 이 과정에서 아이들은 유아 자위행위를 하거나, 친구들과의 놀이 속에서 성적 놀이 행동을 보이기도 합니다. 이는 발달 과정의 일부로 자연스러운 현상입니다.

유치원이나 가정에서 바닥, 의자 등에 자신의 성기를 비비는 아이들이 있습니다. 이를 유아 자위행위라고 합니다.

아이들은 자신의 신체를 탐색하는 과정에서 손, 발, 배꼽을 만지다 자기 성기를 만지게 되고, 그렇게 되면 아이들도 쾌감을 느끼게 됩니다. 이때 남자아이들의 성기가 발기되기도 합니다. 아이들이 느끼는 쾌감은 어른의 성적 흥분과는 다르고 즐거운 놀이를 했을 때의 쾌감과 가깝습니다. 그렇기에 아이들은 심심하거나 즐거운 자극이 없을 때, 유아 자위행위를 하는 경향이 있습니다.

이럴 경우 혼내거나 놀라지 말고 자연스럽게 다른 재밌는 활동으로 유도하는 것이 좋습니다. 아이가 자신의 성기에 관심을 두는 것은 자연스러운 행동이므로 부모가 부정적으로 반응하지 않는 것이 중요합니다.

아이들에게는 성기가 궁금하다면 손을 깨끗하게 씻고 만져야 하고, 다른 사람이 있는 곳에서는 성기를 만지거나 봐서는 안 된다고 알려 줍니다. 만약 아이가 유아 자위행위를 너무 많이 하거나 유아 자위행위에 집착할 때는 전문가의 상담을 받아 볼 필요가 있습니다.

병원놀이나 소꿉놀이와 같은 놀이 속에서 아이들이 성적 놀이 행동을 보일 수 있습니다. 주사를 맞기 위해 팬티를 내려 엉덩이를 보이거나 엄마, 아빠가 되어 뽀뽀를 하는 등의 행동들은 아이들의 놀이 속에서 쉽게 관찰할 수 있습니다.
이때 아이들이 성기나 가슴 등 신체를 잡거나 친구의 옷을 들춰 가슴이나 성기를 보려 할 수 있는데, 친구들과 놀이를 하더라도 옷을 벗거나 성기를 보여 줘서는 안 된다는 사실을 아이들에게 알려 줘야 합니다.

화장실에서 나오면서 자기도 모르게 성기를 만진 적이 있니?

유치원에서 친구들과 엄마아빠 놀이를 하면서 뽀뽀해 본 적 있니?

유치원에서 친구가 바지를 쑥 내려 성기를 보여 준 적 있니?

아이들이 이러는 것은 전혀 이상하지 않아요.

자라면서 성기에 관심을 두고 신체에 호기심을 갖는 것은 당연한 일이에요.

하지만 꼭 지켜야 할 예절이 있어요.

아이에게 지켜야 할 예절에 관해 가르쳐 주세요.

성기에 손이 갈 때 지켜야 할 예절

아이 생각

내 몸 가운데에 있는 성기! 쉬를 하고 나오면 만져 보고 싶고 잘 있는지 확인해 보고 싶어요. 친구들에게도 성기가 있는지 궁금해요! 나랑 같은 모양일까? 이런 것도 궁금해요. 나도 모르게 성기를 의자에 문질렀는데 간질간질 재밌는 느낌이 들었어요.

첫째, 다른 사람에게 성기를 보여 주면 안 돼.

성기는 아기씨를 만드는 소중한 곳이야.

남자와 여자의 아기씨가 만나면 아기가 만들어지거든.

너에게는 아직 아기씨가 없지만 어른이 되면 몸에 아기씨가 생겨.

아기씨를 만드는 곳인 성기를 소중하게 다루어야겠지?

성기가 보고 싶고 만지고 싶을 때는 혼자 있는 장소에서 잠깐만 하도록 해.

둘째, 다른 사람의 성기를 보여 달라고 하거나 만지는 것은 절대로 안 돼!

성기는 우리 몸에서 소중한 곳이라고 했었지?

친구의 성기도 소중한 곳이야.

그러니까 친구의 성기를 보여 달라고 하거나 함부로 만지면 안 돼.

성기가 궁금할 때는 너의 성기를 보거나 엄마 아빠에게 물어 봐.

셋째, 손을 깨끗이 씻고 만져야 해.

손에는 보이지 않지만 세균이 많이 있어.

성기를 세균이 있는 손으로 만지면 성기가 아플 수 있어.

그러니까 비누로 손을 깨끗이 씻고 만져야 해.

넷째, 잠깐만 보고 만져야 해.

네가 성기에 대해 궁금해하는 것은 당연한 일이야.

하지만 그런 느낌이 자꾸 든다면 밖으로 나가 놀거나

장난감을 가지고 놀거나 다른 재미있는 놀이를 해 봐.

선생님, 궁금해요!!

1 병원놀이 하면서 친구가 내 가슴을 만졌어요.

우리의 몸은 소중하기 때문에 나의 옷을 친구가 함부로 벗겨
서는 안 돼요. 여러분도 친구의 옷을 함부로 벗기면 안 돼요.
친구들과 병원놀이 할 때는 옷을 벗는 시늉만, 주사를 놓는 시
늉만 하고 옷을 벗거나 몸을 만지지 않도록 해야 해요.

2 병원놀이 하면서 친구가 내 성기를 만졌어요.

성기를 만지다가 잘못하면 다칠 수 있어요.
성기는 아기씨가 생기는 곳이니까 소중하게 다루어야 해요.
친구가 성기를 만지려고 하면 싫다고 말해요.

3 짝꿍이랑 엄마아빠 놀이를 했는데
짝꿍이 뽀뽀하자고 했어요.

소꿉놀이를 할 때 음식이 있는 것처럼 먹는 시늉을 하죠?
놀이를 할 때는 시늉만 하는 거예요.
엄마아빠 놀이를 할 때도 뽀뽀하는 시늉, 안아 주는 시늉만 해요.

8

아기는 어떻게 생길까

아이가 "아기는 어떻게 생겨요?"라고
물을 때 어떻게 대답해 줘야 하나요?

자담쌤 교육 방법 들여다보기

교육 목표

- ✓ 임신과 출산에 대해 이해한다.

- ✓ 이를 통해 아이가 생명의 소중함, 출산의 위대함을 알고
  자신의 소중함을 깨닫도록 한다.

집중 교육 포인트

- ✓ 임신과 출산의 과정 알기

- ✓ 생명의 소중함 깨닫기

- ✓ 자신을 소중히 아끼기

아이들은 동생이 생기거나 자신보다 어린 동생들을 만나게 되면 아기가 어떻게 생기는지 궁금해합니다.
이는 생명의 탄생에 대한 순수한 호기심입니다.

부모님들께서 아이들의 호기심이 자연스럽게 생명의 소중함, 탄생의 기적, 자신의 소중함을 깨닫는 계기가 되도록 합니다.

임신과 출산에 대해 알려 줄 때 어려운 용어 대신 아이들이 이해할 만한 단어를 사용해서 이야기해 줍니다.

정자, 난자, 정소, 난소, 자궁, 나팔관 등과 같은 용어를 굳이 알려 줄 필요는 없습니다.

아이들이 이해하기 쉽게 아기씨, 아기집과 같은 쉬운 단어로 설명합니다. 다만 아이가 궁금해한다면 정자, 난자 등의 단어를 사용해도 좋습니다.

이 시기의 아이들에게 중요한 부분은 정자와 난자가 만나서 수정이 된 후 착상이 되고 자궁에서 자라나는 자세한 과정이 아닙니다.

생명이 탄생되기까지 어렵고 힘든 과정을 거쳐야 하고 그 과정을 통해 태어난 아이는 기적이라는 것, 그렇기에 생명은 소중하다는 것을 아는 것이 중요합니다.

자신을 소중하게 여기는 아이들은 가족, 친구, 다른 사람들도 소중하게 여길 수 있습니다.

가정에 산모 수첩, 태교 일기장, 임신 다이어리 등 아이의 임신, 출산 과정에 대해 기록한 자료가 있다면 자녀의 기록을 활용하여 교육하는 것이 더 효과적입니다.

❶

아기는 어떻게 만들어지나요?

◇ 아이의 눈높이에 맞게 설명해 주세요!

성기는 아기씨를 만드는 곳이야.

남자 몸에 있는 아기씨와

여자 몸에 있는 아기씨가 만나면 아기가 만들어져.

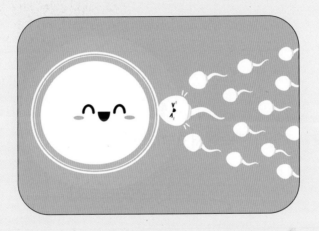

남자 몸에 있던 여러 개의 아기씨가 여자의 몸속으로 들어가.

그리고 그중 하나의 아기씨가 여자 몸에 있는 아기씨와 만나는 거야.

두 아기씨가 만나면 작은 알이 생겨.

그 알이 여자 몸속의 아기의 집 안에 무사히 자리를 잡고 자라면,

이것을 임신이라고 해.

여자 아기씨는 한 달에 하나씩 만들어지고 며칠만 살 수 있어.

남자 아기씨도 남자의 몸에서 나오면 며칠밖에 살지 못해.

그러니 두 아기씨가 만나는 것이 어렵겠지?

또 아기씨끼리 만나는 데 성공해도 아기의 집에 자리를 잡는 것도 어려워.

❷
남자 아기씨와 여자 아기씨는 어떻게 만나요?

◇ 아이의 눈높이에 맞게 설명해 주세요!

남자의 아기씨는 성기를 통해서 밖으로 나와.

여자의 성기를 보면 소변이 나오는 구멍 말고 다른 구멍이 있어.

그 구멍을 통해 남자 아기씨가 들어가고, 그 길을 따라 가면 아기의 집이 있어.

그 안에서 여자 아기씨를 만날 수 있는 거야.

❸
엄마 뱃속에서 아기가 어떻게 자라요?

◇ 아이의 눈높이에 맞게 설명해 주세요!

엄마의 몸에는 아기가 자라는 아기의 집이 있는데, 그걸 자궁이라고 해.

아기는 자궁에서 엄마를 통해 먹을 것을 받으면서 자라.

아기는 자궁 속에서 10개월 동안 세상에 나올 준비를 해.

자궁은 임신하기 전에는 주먹만 하다가 아기가 자라면 자궁도 커져.

자궁 안은 양수라는 물로 채워져 있어.

양수는 아기를 보호하고 안전하게 지낼 수 있도록 해 주지.

아기는 양수 속에 둥둥 떠서 꼼지락거리고 움직이면서 태어날 준비를 해.

가끔 아기가 발길질을 해서 엄마가 느낄 때도 있어.

아기가 태어나면 자궁은 원래대로 돌아가.

아이의 기록을 함께 살펴보아요.

임신하고 출산했을 때의 기록이 남아 있나요?

산모 수첩, 태교 일기장, 임신 다이어리, 임신 테스트기, 초음파 사진

혹은 임신 당시에 찍었던 엄마와 아빠의 사진도 좋습니다.

기록을 아이와 함께 보면서 어떻게 임신을 했는지,

임신했을 때 어떤 일이 있었는지, 출산하고 아이를 처음 안았을 때

어떤 기분이 들었는지 함께 이야기해 봅시다.

부모님의 힘들었던 감정, 행복함, 출산의 두려움, 설렘, 기대 등

다양한 감정을 함께 나누어 봅시다.

아이와 이야기를 나눌 때 솔직한 감정에 관해 이야기를 나누는 것이 좋지만

중점을 두어야 하는 부분은 '너'라는 존재가 엄마와 아빠에게

이만큼 소중한 존재라는 것을 알 수 있도록 해야 합니다.

아이가 출산이 얼마나 힘들고 위대한 과정이며 출산을 통해

만나게 되는 생명의 소중함, 자신의 소중함을 깨달을 수 있게 해 주세요.

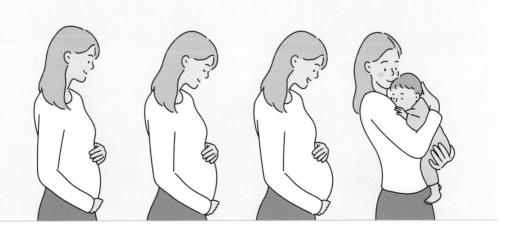

아이와 이야기를 나누기 전에 적어 보세요

❶ 임신 기간에 있었던 기억에 남는 이야기

❷ 출산하고 처음으로 아이를 안았을 때 했던 생각이나 들었던 감정

❸ 임신과 출산의 과정에서 가장 행복했던 순간

아빠,
처음에 내가 임신됐다는
이야기를 들었을 때
기분이 어땠어?

엄마,
내가 엄마 뱃속에 있을 때
내가 움직이는 걸 느꼈어?

엄마, 아빠,
내가 엄마 뱃속에 있을 때
무슨 이야기를 했었어?

아이와 함께하는 활동

남자 아기씨가 여자 아기씨와 만나게 되는 길을 찾아보세요.

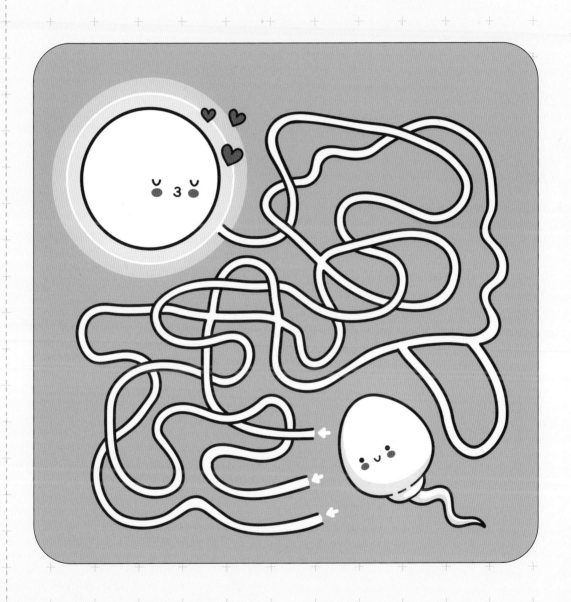

9

좋은 접촉 나쁜 접촉
좋은 비밀 나쁜 비밀

아이들을 대상으로 하는
성폭력 범죄가 늘어나고 있는데,
아이들을 못 나가게 할 수도 없고…
아이에게 어떻게 말해 줘야 하나요?

자담쌤 교육 방법 들여다보기

교육 목표

- ✔ 성폭력이 무엇인지 이해하고 예방법과 대처법을 배운다.
- ✔ 이를 통해 아이가 자기 몸의 소중함을 깨닫고 타인이 자신의 신체를 함부로 만지도록 허락해서는 안 된다는 것을 깨닫도록 한다.

집중 교육 포인트

- ✔ 성폭력 상황 알기
- ✔ 대처하는 방법 알기
- ✔ 자기 몸의 소중함 깨닫기

해마다 어린이를 대상으로 하는 성폭력 범죄가 발생하고 있습니다. 이를 예방하기 위한 교육이 필요합니다.

아이에게 구체적인 성폭력 상황을 들려 주고 이야기 나누는 것이 필요합니다. 예를 들어 아이가 이런 상황에 처한다면 어떤 생각이 드는지, 어떻게 대처해야 하는지 등과 같이 대화합니다.

책에 제시된 상황 이외에도 일상 속에서 매체나 그림책을 통해 아이가 성폭력 상황을 접할 때 자연스럽게 아이의 생각과 느낌, 대처 방법 등에 대해 이야기를 나눕니다.

평소에도 일상생활 속에서 아이들에게 무슨 일이 있었는지, 그때 어떤 감정이나 생각이 들었는지 아이와 대화하는 것이 필요합니다.
그래야 아이에게 성폭력 상황이 발생했을 때 아이가 부모님에게 쉽게 말할 수 있습니다.

나보고 예쁘다고 했어요!

다음 상황을 읽어 보고 아이와 이야기를 나눠 보세요.

상황 1

놀이터에서 자주 만나서 노는 오빠가 신기한 것을 보여 준다고 했어요. 골목으로 가서 팬티를 벗고 보여 줬는데 나한테는 없는 것이 있었어요.

아이에게 질문해 보기

너에게 누가 성기를 보여 준다면 어떤 생각이 들까?

이런 일이 생기면 어떻게 해야 할까?

상황 2

학원 선생님이 재밌는 놀이를 하자고 했어요. 화장실에 가서 선생님 고추를 보여 주고 만져 보라고 했어요. 다른 사람한테 말하면 앞으로 학원을 못 다니게 한다고 했어요.

아이에게 질문해 보기

너에게 누가 성기를 만져 보라고 한다면 어떤 느낌이 들까?

이런 일이 생기면 어떻게 해야 할까?

상황 3

명절에 사촌오빠를 만났어요. 침대에 누워서 놀고 있는데 사촌오빠가 내 잠지를 만졌어요. 손가락을 내 잠지에 넣어서 아팠어요. 엄마, 아빠한테 말하면 혼난다고 했어요.

아이에게 질문해 보기

너의 성기를 누가 만진다면 어떤 생각이 들까?

이런 일이 생기면 어떻게 해야 할까?

상황 4

아파트 엘리베이터에서 자주 만나던 아저씨를 만났어요. 나보고 예쁘다고 하면서 얼굴을 쓰담쓰담 하고 엉덩이를 만졌어요.

아이에게 질문해 보기

너의 얼굴과 몸을 누가 만진다면 어떤 느낌이 들까?

이런 일이 생기면 어떻게 해야 할까?

앞의 상황과 유사한 일이 발생했을 때

♢ 아이의 눈높이에 맞게 설명해 주세요!

부모님, 선생님과 같은 주변 어른에게 알려요.

"누군가 너의 몸을 함부로 만지고 너에게 성기를 보여 주거나

만지라고 한다면 주변 어른에게 꼭 알려야 해. 너의 잘못이 아니야."

아는 사람이라도 혼자서는 따라가지 않아요.

"'엄마가 오늘 대신 데리고 오라고 했어.'라고 한다면

엄마, 아빠에게 전화로 꼭 물어 봐야 해.

'엄마, 아빠 친구 OO 아저씨가 오늘 데리러 왔어요. 같이 가요?' 이렇게 말이야."

도움을 요청하는 어른이 있다면 다른 어른에게 부탁해요.

"'아줌마가 길을 모르겠는데 차에 타서 알려 줄래?'

'짐이 무거워서 그러는데 집까지 들어 줄래?'

이렇게 말하는 어른을 만난 적 있니? 어른은 아이에게 도움을 요청하지 않아.

이럴 땐 '저는 잘 몰라요.'라고 말하고 주변에 있는 다른 어른에게 말해."

 잠깐만요! 아이에게 일러 주세요!!

너의 몸은 아주 소중해. 그래서 누구도 함부로 너의 몸을 만질 수 없어.

몸뿐만 아니라 마음도 소중해. 누구도 함부로 너의 기분을 이상하게 하거나

나쁘게 할 수도 없어. 누군가가 너의 몸을 만지고 너의 기분을 나쁘게 한다면

바로 부모님이나 선생님에게 알려야 해.

10

파란색? 분홍색?
내가 좋아하는 색!

성평등 의식을 길러 주고 싶은데…
딸이 분홍색 옷만 입으려고 해요.
괜찮나요?

자담쌤 교육 방법 들여다보기

교육 목표

✓ 성별에 따른 고정관념이 무엇인지 이해한다.

✓ 이를 통해 아이가 성 역할에 대한 고정관념을
깰 수 있도록 한다.

집중 교육 포인트

✓ 남자 색, 여자 색, 내가 좋아하는 색

✓ 남자와 여자의 가정에서의 역할 알아보기

성평등 교육에 있어 가장 중요한 교육의 장은 가정입니다.

아이들은 부모의 말과 행동을 보고 배우며 자라납니다.

따라서 성역할 고정관념이 생기지 않도록 가정에서 부모가 함께 성평등

교육을 하는 것이 중요합니다.

성평등 교육은 일상생활에서 쉽게 할 수 있습니다.

가정에서 집안일을 부모가 함께 나눠서 하기, 아이 양육을 부모가 함께 하기, '남자는 ~~~해야 해.', '여자는 ~~~해야 해.' 같은 말 하지 않기 등 일상생활 속에서 교육합니다.

아이들이 보는 동화책을 활용하여 성평등 교육을 할 수도 있습니다.
요즘에는 성평등을 다루는 책들이 많습니다.
이를 활용하거나 고전 동화 속의 성차별적인 내용을 찾고 이야기 나누는 방법도 있습니다.

초등 저학년 아이들은 성별에 따른 색이 없다는 것을 알고 있습니다.
하지만 의외로 물건을 나누어 주면 여자아이들은 분홍색을, 남자아이들은 파란색을 선호하는 경향을 보입니다.
또 의외로 남자아이가 분홍색을 스스럼없이 선택하는 경우도 있고, 여자아이가 파란색을 가져가려고 하는 경우도 있습니다.
이를 성 고정관념으로 볼 수도, 개인의 선호라고 볼 수도 있습니다.
중요한 점은 아이에게 네가 어떤 색을 선택해도 된다는 사실을 일상에서 늘 이야기해 주는 것입니다.
여기서 우리 아이들에게 배울 점이 하나 있습니다.
남자아이가 분홍색을 가져가자 몇몇 아이들이 "남자가 무슨 분홍색이야."라고 했을 때 "남자, 여자 색이 어딨어."라고 말해 주는 아이가 의외로 많다는 것입니다.
우리 부모들도 아이들에게 이렇게 말해 줄 수 있어야 합니다.

◇ 아이의 눈높이에 맞게 설명해 주세요!

"여자니까 주방놀이를 해야지, 남자니까 밖에서 뛰어놀아."

이런 이야기를 들어 본 적이 있니?

여자니까 요리를 잘해야지. 남자는 운전을 잘해야지.

남자는 공주님을 구해야지. 여자는 멋진 왕자님을 만나야지.

여자니까 그림을 잘 그리나 봐. 남자는 울면 안 돼.

남자니까 이렇게 해야지, 여자니까 이렇게 해야지

남자는 ~, 여자는 ~

이런 말들을 모두 성 역할 고정관념이라고 해.

남자가 해야 하는 일, 여자가 해야 하는 일,

여자가 좋아하는 놀이, 남자가 좋아하는 놀이,

남자가 좋아하는 색, 여자가 좋아하는 색

이런 것들은 없어. 내가 해야 하는 일, 내가 좋아하는 놀이,

내가 좋아하는 색이 있는 거란다.

앞으로 누가 저런 이야기를 하면 "그런 것은 없어."라고 말해 주렴.

왕자님을 내가 구해야지!

아이와 함께하는 활동

"여자는 분홍색이야.", "남자는 파란색이야."라는 말 들어 본 적 있나요?

여자 친구들의 물건은 분홍색이 많고 남자 친구들의 물건은 파란색이 많아요.

내가 비밀을 알려 줄게요. 사실은 남자 색, 여자 색은 따로 없어요.

내가 좋아하는 색깔이 나의 색깔인 거예요. 나의 색깔을 찾아볼까요?

내가 좋아하는 색깔 3개로 아래 모양에 색칠해 봐요.

1개나 2개만 색칠해도 괜찮아요.

이제 당당하게 이야기해 봐요.

내가 좋아하는 색은 _____ 이야!

남들이 "여자가 무슨 파란색이야.", "남자가 무슨 분홍색이야."라고 하면

"남자 색, 여자 색은 정해진 것이 아니야."라고 말해 봐요.

청소, 요리, 빨래 등 우리 집에서 해야 하는 많은 일들이 있어요.
아래 그림을 보고 내가 하는 것에는 ○, 엄마가 하는 것에는 △,
아빠가 하는 것에는 □ 표시를 해 보세요.

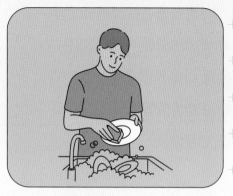

설거지 (   )

요리 (   )

빨래 (   )

청소 (   )

내 준비물 챙기기 (   )

무거운 짐 옮기기 (   )

집안일은 누군가 혼자 하는 일이 아니에요. 엄마, 아빠, 나 우리 가족이 모두 함께 나누어서 하는 일이에요. 장난감 정리하기, 밥 먹고 그릇을 주방에 가져다 두기, 빨래 개기, 동생과 놀아 주기 등 여러분들이 할 수 있는 일도 많이 있어요.
오늘부터 집안일을 나누어 하는 것은 어떨까요?
가족들과 함께 집안일을 나누어 봐요.

내가 하기로 한 일	
엄마가 하기로 한 일	
아빠가 하기로 한 일	
( )이/가 하기로 한 일	
함께 하기로 한 일	

3장

초등학교 저학년
우리 아이 성교육

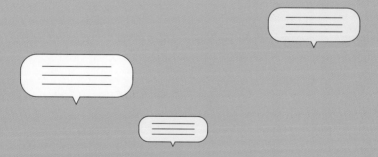

초등학생 우리 아이 성교육,
무엇부터 시작해야 하나요?

자담쌤 교육 방법 들여다보기

교육 목표

- ✔ 성기의 명칭을 명확하게 이해한다.

- ✔ 이를 통해 아이가 내 몸에 대해 이해하고
  내 몸을 사랑하는 마음을 가지도록 한다.

집중 교육 포인트

- ✔ 남자와 여자의 성기 명칭

- ✔ 남자와 여자의 성기의 같은 점과 다른 점

- ✔ '질'은 '질', 정확한 명칭으로 긍정적인 성 태도 형성하기

유아기 때는 성기의 명칭을 고추, 잠지 등의 수준으로 알아봤습니다. 초등학교에 입학하면 아이들의 언어 표현이 발달하기 때문에 본 장은 아이들이 성기의 명칭을 명확하게 이해하는 것에 목표를 두고 있습니다.

초등학교 저학년 시기의 아이들은 겉으로 보이지 않는 몸 안쪽의 생식 기관을 이해하기 어렵습니다. 그래서 아이들의 이해를 도울 수 있도록 다양한 그림을 보여 줄 필요가 있습니다.

아이들이 자신의 성기에 대해 호기심을 갖고 질문하는 것은 지극히 정상적인 것입니다. 아이들의 호기심과 질문에 부모가 당황하지 않고 대답해 주는 것이 중요합니다.

만약 성기의 명칭을 알려 주면서 부모가 부끄러워하는 태도를 보이면 아이들은 성기에 대해 '부끄러워해야 하는 것, 말하기 어려운 것'이라는 생각을 하게 됩니다. 그렇기 때문에 성기에 대해 알려 줄 때 부모가 부끄러워하지 않는 태도를 보이는 것이 가장 중요합니다.

부모의 태도에 따라 아이들의 성 태도가 형성됩니다. 부모가 말을 돌리거나 숨기려는 태도를 보이면 아이들은 성을 부끄러운 것이라 생각합니다. 따라서 아이들이 긍정적인 성 태도를 형성할 수 있도록 아이들에게 이야기할 때 부모가 아무렇지 않게 이야기하는 것이 좋습니다.

남자와 여자의 성기는 다르게 생겼어요. 남자와 여자의 성기가 어떻게 다른지 아이와 함께 알아보는 시간을 가지세요.

❶

여자의 성기 = 잠지 = 음순

◇ 아이의 눈높이에 맞게 설명해 주세요!

여자의 성기는 '음순'이라고 불러. 자신의 '음순'은 눈으로 그냥 보기 어려워.

거울을 이용해 비춰 보면 쉽게 관찰할 수 있어.

음순은 쉽게 다칠 수 있기 때문에

다른 도구를 사용하지 않고 깨끗한 손으로 관찰해야 해.

음순은 외부 자극으로부터 요도, 질 입구를 보호하는 역할을 해.

음순은 대음순과 소음순으로 이루어져 있어.

대음순은 바깥쪽에 있는 도톰한 살이고

소음순은 대음순 안에 있는 얇은 살이야.

소음순 안쪽으로 요도와 질 입구가 있어.

요도는 오줌이 나오는 구멍이야.

질 입구는 질의 입구인데 질은 생리를 할 때 피가 나오는 곳이고

아기가 태어날 때 나오는 길이야. 질은 자궁과 연결되어 있어.

자궁은 아기가 자라는 곳이야.

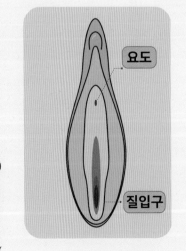
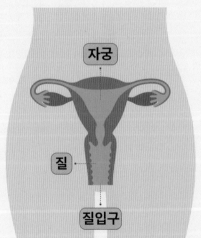

→ 여성의 성기

138

남자의 성기 = 고추 = 음경

◇ 아이의 눈높이에 맞게 설명해 주세요!

남자의 성기는 '음경'이라고 불러.

남자의 음경은 여자의 음순과 다르게 눈으로 쉽게 볼 수 있어.

거울에 비춰서 관찰하면 돼.

음경은 쉽게 다칠 수 있기 때문에 다른 도구를 사용하지 않고

깨끗한 손으로 관찰해야 해.

음경은 오줌과 정액이 나오는 길인 요도를 감싸고 있어.

여자는 요도에서 오줌이 나오고 질 입구에서 생리할 때 피가 나오지만,

남자는 오줌과 정액이 나오는 길이 하나야. 바로 그게 요도야.

여자는 구멍이 2개인데 남자는 1개네?

이렇게 여자와 남자의 몸은 다른 점들이 있어.

음낭은 음경 밑에 주머니처럼 아래로 처져 있는 것이야.

음낭 안에는 아기씨를 만드는 것이 있어.

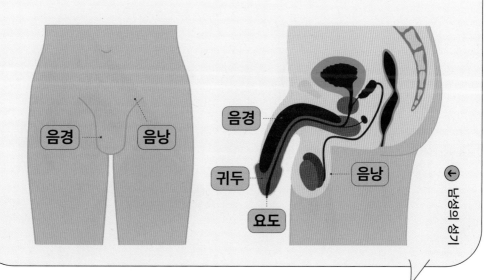

음경   음낭

음경

귀두   음낭

요도

← 남성의 성기

139

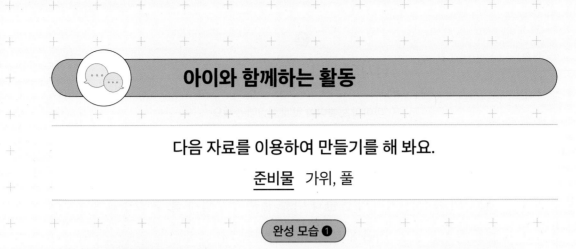

아이와 함께하는 활동

다음 자료를 이용하여 만들기를 해 봐요.

<u>준비물</u> 가위, 풀

완성 모습 ❶

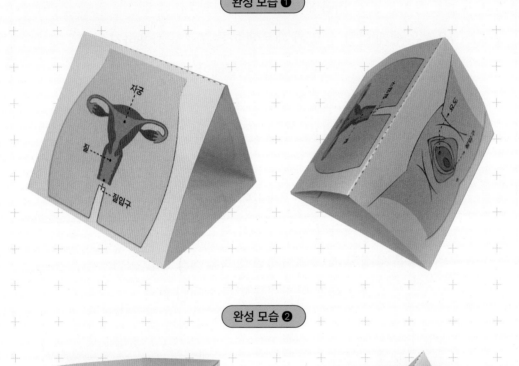

완성 모습 ❷

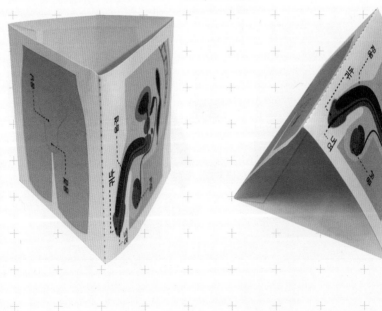

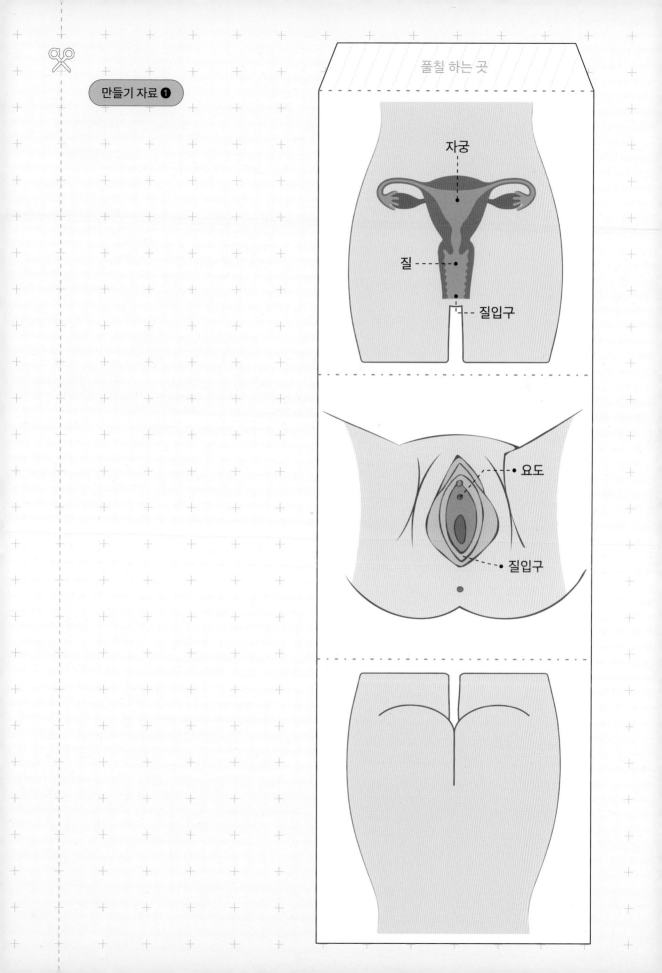

만들기 자료 ❶

풀칠 하는 곳

자궁

질

질입구

요도

질입구

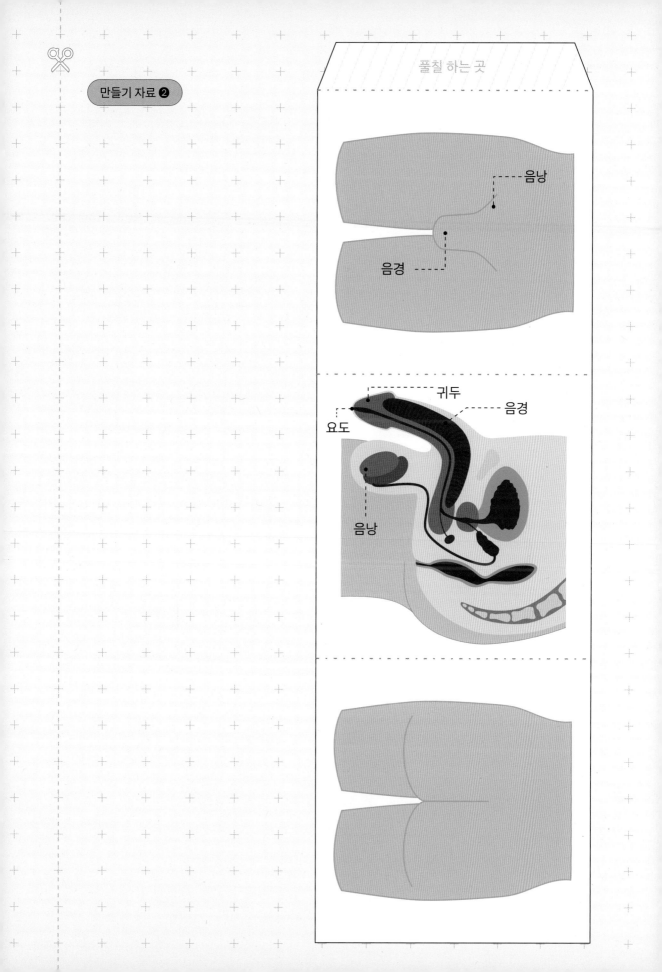

만들기 자료 ❷

풀칠 하는 곳

음낭

음경

귀두

음경

요도

음낭

2 | 내 성기를 어떻게 씻을까

초등학교 들어가면서 아이가
온전히 혼자 씻기 시작했어요.
깨끗하게 잘 씻고 있는지 걱정이에요.

자담쌤 교육 방법 들여다보기

교육 목표

- 자신의 성기를 깨끗하게 씻고 관리해야 하는 이유와 방법을 구체적으로 익힌다.

- 이를 통해 아이가 자신의 신체를 청결하게 유지하고자 하는 태도를 기르게 한다.

집중 교육 포인트

- 자신의 성기를 깨끗하게 씻는 방법 익히기

- 신체 전반을 청결하게 관리하고자 하는 태도 기르기

자신의 신체를 청결하게 유지하고 소중히 대하는 태도를 형성하는 것이 성교육의 시작입니다.

유아기에는 부모와 아이가 함께 씻으면서 아이가 씻는 과정을 부모가 관리할 수 있습니다. 아이가 혼자 씻기를 시작하더라도 가끔 부모와 함께 씻으면서 아이가 씻는 방법을 부모가 살펴볼 수 있는 여지가 있는 시기입니다.

하지만 아이들이 초등학교에 입학한 뒤에는 되도록 아이가 혼자서 샤워할 수 있도록 해야 합니다.

이를 통해 아이들은 주체성, 자주성, 독립성 등을 함양할 수 있습니다. 아이들이 혼자 씻기를 온전히 시작하면 부모가 씻는 과정을 살펴보기 어렵기 때문에 아이에게 씻는 방법에 대한 교육을 다시 할 필요가 있습니다. 따라서 본 장에서는 성기를 씻는 방법에 대해 좀 더 구체적으로 살펴보려고 합니다.

가정에서 책을 읽으며 성기를 씻는 방법 이외에도 샤워하는 방법, 손 씻는 방법 등에 대해 다시 한번 짚어 주는 것이 바람직합니다.

❶
내 몸 씻기

◇ 아이의 눈높이에 맞게 설명해 주세요!

> 너도 이제는 혼자서 샤워할 수 있지?
>
> 엄마, 아빠가 씻으라고 하지 않아도 매일 스스로 샤워하는
>
> 습관을 기르는 것이 좋아. 매일매일 씻는 것이 귀찮을 수 있어.
>
> 하지만 네가 밖에 나갔다가 들어오면,
>
> 눈에는 보이지 않지만 먼지와 세균들이 몸에 묻어 있어.
>
> 그래서 땀을 흘리지 않아도, 더러운 것이 묻지 않아도
>
> 매일매일 샤워를 하고 속옷을 갈아입어야 하는 거야.

아이와 함께하는 활동

❶ 만약에 밖에 나갔다가 들어와서 씻지 않고 먼지와 세균이 몸에
묻은 채로 잠에 들면 어떤 일이 생길까요?
다음 빈칸에 적어 보세요.

❷ 손으로 흙장난을 하고 손을 깨끗하게 씻는 친구, 매일 향기가 나는
친구, 화장실 다녀와서 바로 손을 씻는 친구를 보면 어떤 생각이 드나요?
다음 빈칸에 적어 보세요.

❶

먼지와 세균이 여러분들 몸속으로 들어가서 여러분들을 병에 걸리게 만들 수 있어요. 하지만 매일매일 내 몸을 깨끗하게 씻으면 내 몸에 묻어 있던 먼지, 세균들이 사라지겠죠?

❷

내 몸을 깨끗하게 하는 것은 내 건강을 위해서도 필요해요. 건강뿐만 아니라 나와 함께 지내고 있는 친구들을 위해서도 몸을 깨끗하게 하는 것이 좋아요.

 아이와 약속해 보세요!

엄마랑(아빠랑) 다음과 같이 약속해 볼까요?

✧ 아이와 약속한 내용을 써서 아이의 방에 붙여 보세요!

매일매일 깨끗하게 씻기

❷
성기 씻는 방법 - 여자아이

바디워시나 비누로 거품을 내서 샤워할 거예요. 하지만 음순을 씻을 때는 바디워시나 비누 거품으로 씻지 않는 것이 좋아요. 미지근한 물로만 씻는 것이 좋아요. 거품을 내서 씻고 싶다면 '유아용 청결제'를 쓰도록 해요.

서서 씻거나 앉아서 씻거나 각자 편한 자세로 씻으면 돼요. 그런데 중요하게 기억해야 할 점이 있어요! 샤워기로 음순에 바로 물을 뿌리기보다는 샤워기를 멀리 두고 흐르는 물에 부드럽게 씻어야 한다는 거예요. 음순은 다치기 쉬워요. 그래서 강한 물보다는 약하게 흐르는 물에 씻는 것이 좋아요.

여자 친구의 성기에는 대음순, 소음순, 요도, 질 입구가 있다고 했죠? 질 입구 속은 씻지 않아도 괜찮아요. 대음순, 소음순 사이를 조심스럽게 문질러서 씻도록 해요. 대음순, 소음순, 요도, 질 입구를 씻고 항문 주위까지 깨끗하게 씻도록 해요. 앞에서 뒤로 씻는 거예요.
앞에서 뒤로 씻는 이유는 무엇일까요?

아이에게 질문하고 아이의 대답을 적어 보세요.

항문에는 세균이 있을 수 있어요. 그래서 항문에서 앞으로 씻으면 세균이 질 입구와 요도로 들어갈 수 있어요. 그러면 성기가 아플 수 있으니 앞에서 뒤로 씻도록 해요.

씻은 후에는 수건으로 가볍게 두드려서 물기를 닦아 주세요.

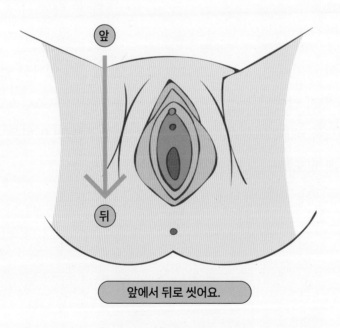

앞에서 뒤로 씻어요.

❸
성기 씻는 방법 - 남자아이

여자와 남자의 성기 생김새가 서로 다르죠? 하지만 씻는 방법은 비슷해요. 조금 다른 점이 있으니 어떤 점이 다른지 살펴보도록 해요.

바디워시나 비누로 거품을 내서 샤워할 거예요. 하지만 음경과 음낭을 씻을 때는 바디워시나 비누 거품으로 씻지 않는 것이 좋아요.
그런데 남자 친구들의 성기는 밖으로 나와 있기 때문에 거품이 묻지 않을 수 없어요. 거품이 묻을 수는 있지만 음경과 음낭을 거품으로 문지르지 않아야 해요. 미지근한 물로만 씻는 것이 좋아요. 거품을 내서 씻고 싶다면 '유아용 청결제'를 쓰도록 해요.

샤워기로 음경과 음낭에 바로 물을 뿌리면 성기가 아플 수 있어요. 샤워기를 멀리 두고 흐르는 물에 부드럽게 씻도록 해요. 서서 씻거나 앉아서 씻거나 각자 편한 자세로 씻으면 돼요.

3 │ 포경수술 꼭 해야 할까

포경수술을
해야 하나요?

자담쌤 교육 방법 들여다보기

교육 목표

- ✓ 아이가 포경수술에 대해 알고 스스로 수술 여부를 결정할 수 있도록 한다.
- ✓ 이를 통해 아이가 내 몸은 나의 것이라는 인식을 가지고 자신의 몸에 대해 책임감을 가질 수 있도록 한다.
- ✓ 자신의 신체를 청결하게 유지하고 소중히 대하는 태도를 형성할 수 있도록 한다.

집중 교육 포인트

- ✓ 포경수술이란
- ✓ 스스로 결정하기
- ✓ 음경을 깨끗하게 씻는 방법
- ✓ 신체 전반을 청결하게 관리하고자 하는 태도 기르기

과거에는 포경수술을 꼭 받아야 한다는 인식이 강했습니다. 하지만 점차 포경수술 감소 추세가 이어져 현재는 필요에 따라 포경수술을 선택하는 것으로 인식이 변화하고 있습니다.

자연포경이 되는 경우에는 포경수술이 필요하지 않습니다. 남자아이의 음경이 성장하면서 포피가 자연스럽게 벗겨지고 귀두가 노출되는 경우가 있습니다. 이렇게 자연포경이 되면 발기 시 귀두가 노출되고 평소에도 손으로 쉽게 포피를 벗길 수 있습니다.

포경수술이 필요한 경우도 있습니다. 손으로 포피를 당겼을 때 귀두가 잘 드러나지 않을 때는 수술이 필요합니다. 또 손으로 포피를 당겼을 때 귀두가 드러나기는 하지만 불편하거나, 포피가 다시 원래대로 잘 돌아가지 않는 경우에는 수술이 필요합니다. 아이의 음경이 성장하고 13세 이상부터 수술을 고려해 보고 병원에서 상담하시면 됩니다.

자연포경이 된 경우라도 아이가 성기를 청결하게 관리하지 못할 경우에는 수술이 필요할 수 있습니다. 이럴 경우에는 아이에게 포경수술에 대해 알려 주고 자기의 상황에 맞게 스스로 포경수술 여부를 선택할 수 있게 합니다.

포경수술을 하지 않을 경우 음경을 청결하게 관리해야 합니다. 포피를 몸쪽으로 살짝 당겨 물로 조심스럽게 씻을 수 있도록 알려 줍니다.
아직 자라고 있는 아이이기 때문에 포피가 완전히 벗겨지지 않을 수 있습니다. 아이에게 아프지 않을 정도로만 살짝 당기면 된다고 알려 줍니다.

❶

포경수술이란

아이랑 읽어도 좋아요.

남자아이들의 음경을 자세히 살펴볼게요. 음경 끝의 둥그렇게 생긴 부분을 귀두라고 해요. 어린 남자의 음경을 보면 귀두를 덮고 있는 얇은 피부가 있어요. 이를 포피라고 해요.

아래 그림처럼 포피가 귀두를 감싸고 있는 상태를 포경이라고 해요. 포경수술은 포피를 잘라 내어 귀두가 밖으로 나오게 하는 수술이에요.

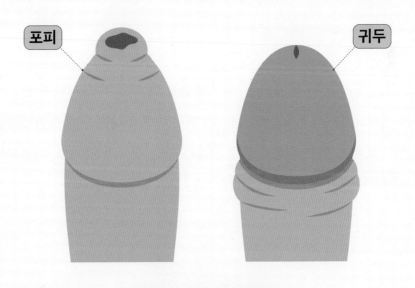

포피   귀두

귀두가 포피를 덮고 있어요.

❷
포경수술을 꼭 해야 할까?

포경수술을 해야 하는 가장 큰 이유는 위생 때문이에요. 귀두와 포피 사이에 소변이 남게 되면 가렵고 냄새가 날 수 있어요.
또 세균이 번식하여 음경이 아플 수도 있어요. 그러면 포경수술을 꼭 해야 할까요?

아직 몸이 자라고 있는 어린 나이에는 수술하는 것이 좋지 않아요. 아이가 성장하면서 자연스럽게 포피가 벗겨질 수도 있어요. 만약 벗겨지지 않더라도 포피를 당겼을 때 귀두가 드러나는 경우에는 굳이 포경수술을 하지 않아도 괜찮아요. 이런 경우에는 어른이 되고 나서 포경수술을 해도 됩니다.

음경이 성장하고 난 뒤에도 포피를 당겼을 때 귀두가 드러나지 않는 경우가 있어요. 또는 포피를 당겼을 때 귀두가 드러나기는 하지만 불편하다거나, 포피가 다시 원래대로 돌아가지 않는 경우가 있어요. 이럴 경우에는 포경수술이 필요하니 병원에 가는 것이 좋습니다.

❸
어떻게 씻어야 할까?

아이랑 읽어도 좋아요.

포경수술을 하지 않는 경우에는 음경을 깨끗하게 씻어야 해요. 포피를 살짝 당겨서 씻어야 합니다.

이때 중요한 점이 있어요. 아직 아이들의 몸은 다 자라지 않았기 때문에 귀두가 다 드러나지 않을 수 있어요. 음경이 아프지 않을 정도로만 포피를 살짝 당겨서 씻어야 해요.

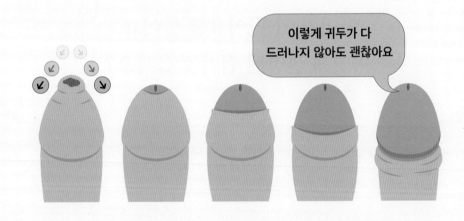

이렇게 귀두가 다 드러나지 않아도 괜찮아요

잠깐만요! 아이에게 일러 주세요!!

음경을 씻는 방법

❶ 포피를 몸쪽으로 살짝 당긴다.

❷ 흐르는 물로 부드럽게 씻어 준다.

❸ 포피를 다시 원래대로 둔다.

→ 소변을 볼 때도 포피를 몸쪽으로 살짝 당기고 보는 것이 좋아요.

4 | 남자와 여자의 요도는 어떻게 다른가

남자와 여자의 차이에 대해
아이가 자꾸 이유를 물어요.
어떻게 설명해 줘야 좋을까요?

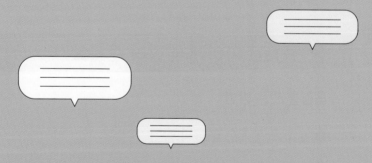

자담쌤 교육 방법 들여다보기

교육 목표

- ✓ 남자와 여자의 성기 생김새가 다름을 이해한다.
- ✓ 이를 통해 아이가 남자와 여자의 신체 차이를 알고 서로를 이해할 수 있도록 한다.

집중 교육 포인트

- ✓ 남자와 여자의 요도 생김새의 차이
- ✓ 신체 차이로 인한 다름을 이해하기

남자는 서서 소변을 보고 여자는 성기를 씻을 때 앞에서 뒤로 씻어야 합니다. 이렇게 남자와 여자에 따라서 다름을 보입니다.

아이들은 "남자는 이렇게 하고 여자는 이렇게 해."라고 이야기했을 때 왜 그렇게 해야 하는지 의문을 가집니다. 이전에는 그 이유에 대해 간단하게 설명했지만 이제는 좀 더 자세히 알려 줄 필요가 있습니다. 이를 통해 아이들은 자신의 신체에 대해 더 자세하게 이해하고 받아들일 수 있습니다.

자기 이해뿐만 아니라 이성에 대한 이해도 높일 수 있습니다. 남자와 여자는 신체 생김새에서 여러 가지 차이를 보입니다. 이를 이해해야 서로의 다름을 이해할 수 있습니다. 성별에 따른 신체의 생김새에 대해 알려 주고 서로의 다른 점을 이해하고 존중할 수 있도록 합니다.

남자와 여자의 성기 생김새가 달라서 소변을 보는 방법이 달라.

오줌이 나오는 길을 '요도'라고 합니다. 남자와 여자의 요도는 서로 생김새가 달라요. 어떻게 다른지 알아볼까요?

❶

요도의 생김새

아이랑 읽어도 좋아요.

'방광'이란 오줌을 저장했다가 일정량이 되면 내보내는 곳이에요. 요도는 방광에 모아진 오줌을 내보내는 길인 거죠. 남자와 여자의 요도는 생김새가 달라요. 어떻게 다른지 그림으로 살펴볼까요?

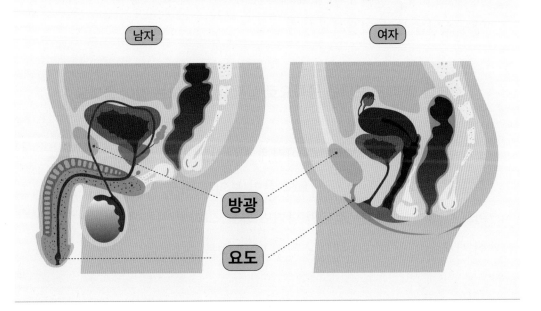

남자   여자

방광

요도

❷
남자는 왜 서서 소변을 볼까?

공중화장실에 가면 남자들은 소변기에 소변을 봐요. 왜 남자들만 서서 소변을 볼까요? 요도의 생김새가 달라서 그래요. 그림을 보면 여자의 요도는 일자이지만 남자의 요도는 굽어 있어요. 남자가 앉아서 소변을 보면 요도가 더 굽어서 방광에 소변이 남을 수도 있어요. 그리고 속옷을 입고 일어났을 때 요도에 남아 있던 소변이 나와서 속옷이 더러워질 수 있어요. 그래서 남자는 서서 소변을 보는 것이 좋아요.

그런데 집에서 서서 소변을 보면 소변이 여기저기 튀어요! 맞아요. 서서 소변을 보면 눈에 보이지 않아도 소변이 튀어서 화장실이 더러워질 수 있어요. 그래서 되도록 튀지 않게 소변을 봐야 해요. 어떻게 하면 튀지 않게 소변을 볼 수 있을까요?

"소변을 볼 때도 포피를 몸쪽으로 살짝 당기고 보는 것이 좋아요."

포경수술에 대해서 설명할 때 이렇게 이야기했던 것 기억나시나요? 포피를 몸쪽으로 살짝 당기고 요도 끝이 보이게 해요. 포피를 당길 때는 아프지 않게 당겨지는 정도만 당기면 돼요. 그리고 변기에 최대한 가까이 서서 소변을 보면 최대한 소변이 덜 튀게 볼 수 있어요.

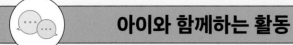
성기가 어떨 때 병원에 가야 할까요? 동그라미표를 해 보세요.

성기가　　　　　성기가
가려울 때　　　　따가울 때

가고　　　　　　　　　　　샤워하기
싶을 때　　　　　　　　　　　전에

성기에서
냄새가 날 때

남자 친구, 여자 친구 모두 이럴 때는 병원을 가야 해요.
엄마나 아빠에게 꼭 이야기하고 병원에 가도록 해요.

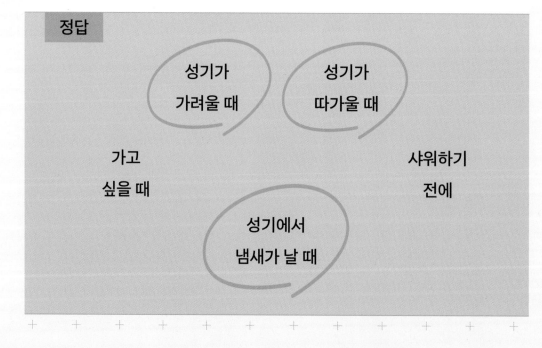

❸

여자는 왜 앞에서 뒤로 성기를 닦아야 할까?

아이랑 읽어도 좋아요.

그림을 보면 여자의 요도 끝과 항문은 가까워요. 그래서 항문에 있는 세균이 요도에 쉽게 들어갈 수 있어요. 남자의 요도 끝은 항문과 멀리 있어요. 그래서 남자는 항문에 있는 세균이 요도에 쉽게 들어갈 수 없어요. 요도에 세균이 들어가서 아픈 것을 요도염이라고 해요. 남자보다 여자가 요도염에 쉽게 걸려요.

요도

항문

여자의 요도 길이는 남자의 요도 길이보다 짧아요. 그래서 요도염에 걸렸을 때 여자는 방광염에 걸리기가 쉬워요. 방광염은 방광에 세균이 들어가서 아픈 거예요. 요도염이나 방광염에 걸리면 소변을 볼 때 따갑거나 소변보기가 어려워요. 이럴 때는 아이에게 부모님께 말하도록 일러두고 함께 병원에 가야 해요.

정리하면, 여자의 요도가 짧기 때문에 남자보다 방광염, 요도염에 걸리기 쉬워요. 그래서 여자들은 성기를 씻을 때 앞에서 뒤로 씻어야 해요.

임신, 성관계에 대해서
언제, 어떻게
알려 줘야 하나요?

자담쌤 교육 방법 들여다보기

교육 목표

- ✔ 정자와 난자에 대해 알아보고 정자와 난자가 만나는 과정인 성관계에 대해서도 알아본다.

- ✔ 이를 통해 아이가 성관계와 생명의 탄생을 밀접하게 연결 지어 생각하는 태도를 기르도록 한다.

- ✔ 성관계와 생명의 탄생과의 관련성을 알려 주어 성관계에 대한 책임감을 가질 수 있도록 한다.

집중 교육 포인트

- ✔ 정자, 난자란 무엇인가

- ✔ 난소, 정소 등 기관의 명칭

- ✔ 정자와 난자가 만나는 과정

- ✔ 부모가 당황하지 않고 아이에게 알려 주기

성관계를 언제, 어떻게 알려 주어야 하는지에 대한 고민이 크실 겁니다. '괜히 빠른 시기에 알려 주어서 아이가 일찍 성관계에 눈을 뜨면 어쩌지?'라고 고민하실 수 있습니다.

반면에 '요즘 아이들은 미디어를 통해 빨리 성에 대해 접하기 때문에 성관계에 대해 좀 더 빨리 알려 주어야 하는 것은 아닌지.'라고 생각하면서 어떻게 알려 주면 좋을지 고민하시는 부모님도 계실 겁니다.

여성가족부의 '2022년 청소년 매체이용 및 유해환경 실태조사'에 따르면 초등학생(4~6학년)의 경우 성인용 영상물 이용률이 2016년 41.5%, 2018년 39.4%, 2020년 37.4%, 2022년 47.5%로 지속적으로 증가하는 경향이 뚜렷하다고 합니다.
성인용 영상물 시청 경로로는 TV 방송, OTT 서비스, 인터넷 포털 사이트, 인터넷/모바일 메신저, SNS 메타버스로 다양했습니다.

미디어가 넘쳐 나는 현시대에 아이들로부터 성 콘텐츠를 완전히 차단하기란 어렵습니다. 특히 최근 초등학생들은 비대면 교육 이후 인터넷 사용이 늘면서 성 콘텐츠에 많이 노출되고 있습니다.
그렇기에 성관계 교육은 아이들이 성 콘텐츠를 접하기 전, 19금에 눈을 뜨기 전에 하는 것이 좋습니다.
대다수의 초등학교 저학년 아이들은 성인처럼 성을 야한 것으로 바라보지 않고 있는 그대로 받아들입니다. 따라서 성관계를 야한 것으로 받아들이기 이전에 생명 탄생의 신비함, 생명에 대한 책임감과 연결 지어 성관계에 대해 가르칠 필요가 있습니다.

자담쌤 가이드 | **함께 공부해 봐요**

아이랑 읽어도 좋아요.

이 그림 기억나시나요? 남자 아기씨와 여자 아기씨가 만나면 아기가 만들어진다는 이야기를 하며 앞부분에서 보았던 그림입니다. 이제 남자 아기씨의 이름과 여자 아기씨의 이름을 살펴보도록 하겠습니다.

❶
여자 아기씨 = 난자

여자 몸에 있는 아기씨는 '난자'라고 하고 난자는 '난소'에서 자라요. 난소는 자궁의 왼쪽과 오른쪽에 하나씩 있어요. 한 달에 한 번 난소 한 군데에서 난자가 자라요. 다 자란 난자는 난소에서 빠져나와요.

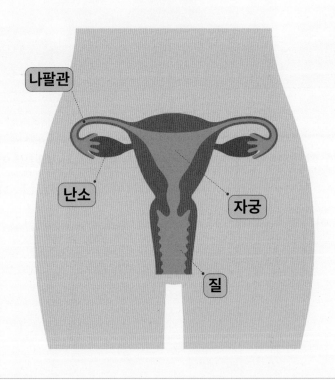

❷
남자 아기씨 = 정자

남자 몸에 있는 아기씨는 '정자'라고 하고 정자는 '정소'에서 자라요. 음낭 안에 정소가 있어요. 정소는 흔히 고환이라고 부르고 왼쪽과 오른쪽에 하나씩 있어요. 정소에서는 매일 수천만 마리의 정자를 만들어요. 정소를 맞으면 매우 아프기 때문에 다치지 않도록 조심해야 하고 장난으로라도 때리면 안 돼요.

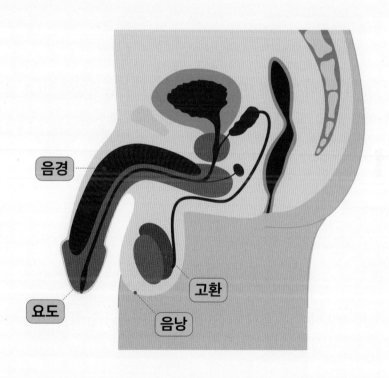

음경

요도

고환

음낭

정자가 여자의 몸으로 어떻게 들어갈까?

남자와 여자가 뽀뽀하고 사랑을 나누다 보면 남자의 음경이 준비돼요. 남자의 음경은 준비가 되면 길어지고 단단해져서 여자의 질 입구로 들어갈 수 있게 돼요. 질 입구로 들어간 남자의 음경에서 정자가 나와서 여자의 질로 들어가는 거예요. 정자가 여자의 질에 들어간 뒤 열심히 헤엄쳐서 난자와 만나게 돼요. 자궁에 자리를 잡으면 아기가 되는 거예요.

아이에게 "너는 이렇게 정자와 난자가 만나서 만들어졌어."라고 설명하고 아이가 생겼다는 것을 처음 알았을 때 어떤 마음이었는지 이야기해 주세요.

엄마	
아빠	

아이가 태아일 때의 초음파 사진이 있다면 아이와 함께 보면서 이야기하는 시간을 가져 보세요.

6 | 임신과 출산

임신에 대해서
어떻게 알려 줘야 하나요?

자담쌤 교육 방법 들여다보기

교육 목표

- ✅ 정자와 난자가 만나는 과정과 임신의 어려움에 대해서 알아본다.

- ✅ 이를 통해 아이가 생명 탄생의 어려움을 알도록 한다.

- ✅ 생명 탄생의 과정을 이해하고 추후 성관계에 대한 책임감을 가질 수 있도록 한다.

집중 교육 포인트

- ✅ 정자와 난자가 만나는 과정

- ✅ 임신 과정의 어려움

앞서 정자와 난자에 대해 이야기할 때 정자가 여자의 질 속에 들어가는 과정까지 살펴봤습니다. 지금부터는 그 이후의 과정에 대해 살펴보겠습니다.

유아기 때는 남자 몸에 있는 아기씨와 여자 몸에 있는 아기씨가 만나고 자궁에서 자라서 아기가 태어나는 것이라고 간단하게 이야기해 주었습니다.

이제는 아이들이 정자가 여자의 질 속에 들어가고 난자와 만나는 과정, 임신 중에 생길 수 있는 변화, 출산까지 알 수 있도록 합니다.

이는 추후 생리, 성관계를 알려 줄 때 바탕이 되는 내용으로 남자 몸에서 나온 정자와 여자 몸에서 나온 난자가 만나서 임신이 된다는 것을 아이들이 알 수 있도록 합니다.

가정에 아이의 초음파 사진이 있다면 함께 보면서 이야기하는 것이 좋습니다. 임신 주차별로 초음파 사진을 보면서 아이의 성장 과정, 엄마 몸에 생겨난 변화, 임신 중에 힘들었던 일들, 행복했던 일들을 아이와 함께 나눕니다.

이 과정에서 아이들이 임신과 출산이 나와 동떨어진 이야기가 아니라 나와 관련 있는 이야기로 받아들일 수 있도록 합니다.

❶

정자가 여자의 몸으로 들어가고 나서는 어떻게 아기가 생기는 걸까?

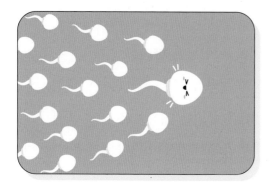

① 정자가 질 안을 헤엄쳐서 올라가요.

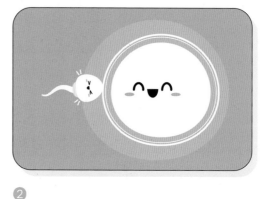

② 정자와 난자가 만나요.

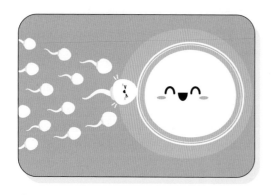

③ 정자 한 마리가 두꺼운 난자의 벽을 뚫고 난자 안으로 들어가요. 그러면 난자에 얇은 막이 생겨 다른 정자들이 들어갈 수 없게 돼요.

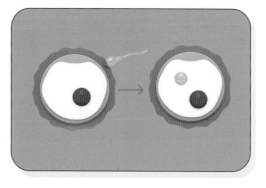

④ 정자와 난자가 만나 하나의 수정란이 돼요.

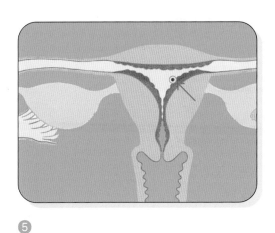

⑤

수정란이 자궁에 도착해서 엄마의
영양분을 먹으면서 자라요.

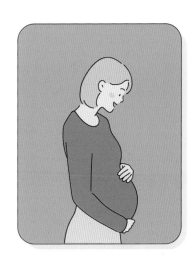

⑥

10개월 동안 엄마의 자궁 속에서
자라요.

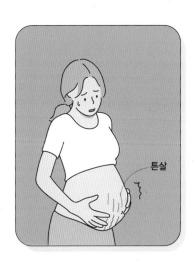

튼살

⑦

엄마가 임신하고 있는 중에는 몸에
다양한 변화가 생겨요. 음식 냄새를
맡으면 속이 울렁거리는 입덧을 하기도
해요. 엄마의 배가 점점 커져요. 그러면
서 엄마 배에 튼살이 생기기도 해요.

⑧

10개월이 다 되어 가면 배가 많이
커져서 엄마는 편안하게 잠을 자기
힘들어요. 10개월(40주)이 다 되어
가면 출산해요.

❷
몇 살이 되면 임신을 해도 괜찮을까?

아이랑 읽어도 좋아요.

몸과 마음이 성장한 다음에 임신을 하는 것이 좋아요.

여자의 몸이 완전히 성숙하지 않은 상태에서 임신하면 엄마의 몸이 제대로 성장하지 못할 수 있어요. 또 아기의 성장도 늦어질 수 있어요.

아기를 출산하고 키우려면 돈과 시간이 많이 들어요. 엄마, 아빠가 경제적으로 아기를 책임질 수 있게 되고 나서 임신하는 것이 좋아요.

아기를 한 명 키운다는 것은 엄청난 책임감이 필요한 일이에요. 식물이나 동물을 키워 본 적이 있나요? 생명을 돌본다는 것이 어려웠을 거예요. 아기를 키우는 일은 그것보다 더 어렵고 힘든 일이에요. 그래서 몸뿐만 아니라 마음도 생명을 책임질 준비가 되어야 해요.

집에 내 초음파 사진이 있다면 찾아서 붙여 봐요.

임신 시기별로 초음파 사진을 살펴봐요. 초음파 사진이 없을 수도 있어요.

그럴 경우에는 인터넷에 '아기 초음파'라고 검색하면 사진들이 많이 나와요.

인쇄하여 붙이거나 그려 보세요.

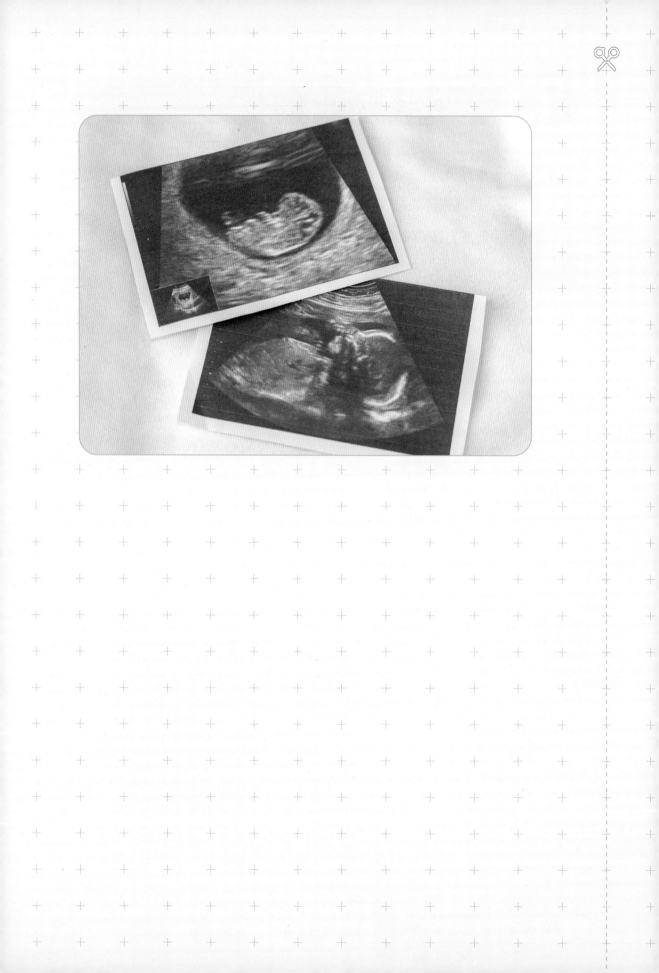

경계가 뭔가요?

어떻게 알려 주어야 할까요?

자담쌤 교육 방법 들여다보기

교육 목표

- 아이가 자신의 감정과 생각을 정확하게 표현하는 방법을 이해하도록 한다.

- 이를 통해 아이가 자신을 존중하고 타인을 존중하는 마음을 기르도록 한다.

집중 교육 포인트

- 싫고 좋은 자신의 생각과 감정에 대해 표현하기
- 나와 다른 사람의 경계를 이해하고 존중하기

경계란 사람 사이의 관계 친밀도에 따라 서로 지켜야 할 영역을 말합니다. 신체적, 정서적으로 존재하는 영역입니다. 경계 교육이란 눈에 보이지는 않지만 경계가 있음을 알고 나의 경계가 어디까지 인지를 알고, 경계를 존중하고 배려하는 태도까지 형성하는 교육을 말합니다.

경계를 침해하는 행동으로는 다음과 같은 것들이 있습니다. 화장실에서 볼일을 보고 있는 친구를 보는 행동, 나에게 허락을 구하지 않고 포옹하는 행동, 내 물건을 물어 보지 않고 가져가는 행동, 나에게 친하다고 등을 때리는 행동, 나는 보고 싶지 않은데 자기의 몸을 보여 주는 행동, 나는 하고 싶지 않은 놀이에 함께 하자고 계속 조르는 행동 모두 경계를 침해하는 행동입니다.

아이에게 내가 원하지 않는데 친구가 하는 행동들은 친구가 나의 경계를 침범하는 행동이라는 것을 알려 주어야 합니다. 그리고 친구가 나의 경계를 침범할 때는 "나는 지금 이 놀이를 하기 싫어, 대신 이 놀이를 하고 싶어.", "나는 너와 친하지만 이렇게 등을 때리는 건 불편해.", "어제는 포옹하는 게 좋았는데 오늘은 안고 싶지 않아."와 같이 내 감정과 생각에 대해 표현할 수 있도록 하는 것이 좋습니다.

이를 위해서는 가정에서부터 아이가 부모님에게 자신이 싫은 것을 표현할 수 있도록 해야 합니다. 아이가 "내 방문에 똑똑 하고 들어와."라고 이야기하면 상처받으시고 "엄마가 딸 방(아들 방)에 들어갈 수도 있지 뭘."이라고 이야기하고 있지는 않으신가요? 이런 일상의 부분에서 아이가 자신의 경계를 표현했을 때 받아들여 주고 존중해 주어야 합니다.

아이가 나의 경계에 대해서 아는 것도 중요하지만 타인의 경계에 대해 알고 존중하는 것도 빠뜨리지 않아야 합니다. 경계 교육을 하면서 엄마, 아빠의 경계에 관해서도 이야기 나눠 보세요. 아이가 부모님의 경계에 대해서 알고 존중할 수 있도록 해 주시고 다른 친구들의 경계도 존중할 수 있도록 알려 주세요.

◇ 아이의 눈높이에 맞게 설명해 주세요!

'경계'라는 말이 있어.

'경계'란 나를 둘러싸고 있는 보이지 않는 테두리야.

이 경계는 나의 허락 없이 누구도 함부로 넘어올 수 없어.

다른 사람 집의 울타리를 넘으려면 그 사람의 허락을 받아야 하지?

집의 울타리처럼 나에게는 '경계'가 있어.

경계는 정해져 있지 않아. 사람마다 경계가 달라.

어떤 친구는 포옹하는 것을 좋아할 수도 있고 어떤 친구는 싫어할 수도 있어.

나의 경계도 마찬가지야.

어제는 포옹이 좋을 수도 있고 오늘은 포옹하기 싫을 수도 있어.

그래서 누가 나에게 어떤 행동을 하려고 할 때 싫다면

"오늘은 포옹하고 싶지 않아."라고 표현하는 것이 좋아.

다른 친구에게도 똑같아.

내가 포옹하려고 할 때 다른 친구가 싫은 모습을 보인다면

'오늘 저 친구는 포옹하기 싫구나.' 하고 이해해 주어야 해.

186

내가 편한 것은 선 안에,
내가 불편한 것은 선 밖에 적어 보세요!

포옹하는 건
가끔 싫어.

손잡는 거 좋아.

〈나〉

활동이 끝나면 설명해 주세요!

내 몸의 주인이 나인 것처럼

다른 사람 몸의 주인도 그 사람이야.

네가 다른 사람과 포옹하고 싶을 때, 뽀뽀하고 싶을 때는

먼저 허락을 구해야 해.

상대방이 거절한다면 그 사람의 생각을 존중해야 해.

네가 다른 사람의 경계를 넘어가고 싶다면

"내가 안아도 되니?", "손잡아도 괜찮아?" 하고

먼저 허락을 구하도록 해.

아이와 약속해 보세요!

약속 하나 "싫어요." 표현하기

다른 사람이 나의 경계를 넘어오려고 할 때

내가 싫다면 싫다고 표현한다.

약속 둘 물어 보기

다른 사람의 경계를 넘을 때 "내가 안아도 될까?",

"손잡아도 괜찮아?" 하고 허락을 구한다.

약속 셋 서로 존중하기

나의 경계와 다른 사람의 경계를 존중한다.

남자애가 그림 그리기만
좋아해서 걱정이에요.

자담쌤 교육 방법 들여다보기

교육 목표

✅ 성 고정관념을 인식하고 성평등 교육을 한다.

✅ 이를 통해 아이가 서로의 다양성을 존중하는
마음을 기르도록 한다.

집중 교육 포인트

✅ 성 고정관념 알아보기

✅ 서로의 다양성 존중하기

성평등 교육에 있어 가장 중요한 교육의 장은 가정입니다. 아이들은 부모의 말과 행동을 보고 배우며 자라납니다. 따라서 성 고정관념이 생기지 않도록 가정에서 '남자는 ~~~해야 해.', '여자는 ~~~해야 해.'와 같은 말을 하지 않도록 합니다.

성 고정관념이 드러나는 드라마, 영화, 광고, 노래 등이 있습니다. 성 고정관념은 일상 속에서 접하는 말, 행동을 통해 생깁니다. 따라서 가정에서 아이와 함께 드라마, 영화 등을 시청하다 성 고정관념이 드러나는 장면이 나오면 함께 이야기해 보는 것이 좋습니다.

❶

여자는~, 남자는~

◇ 아이의 눈높이에 맞게 설명해 주세요!

"남자니까 씩씩해야지."

"여자애가 글씨를 왜 이렇게 못 써?"

"남자애가 그림만 그리고 있냐?"

"여자애가 왜 이렇게 왈가닥이야?"

"(머리를 짧게 자른 여자 친구에게) 너 머리가 왜 이렇게 짧아? 남자야?"

이런 이야기를 들어 본 적 있니?

이렇게 "여자는 ~~~해야 해.", "남자는 ~~~해야 해."라고

생각하는 것을 성 고정관념이라고 해.

'성 고정관념'이란 사회에서 성별에 따라 특성이 있다고 믿는 생각을 말합니다.

아이와 함께하는 활동

	○	✕
남자니까 무서워하면 안 돼.	○	✕
여자애는 공기놀이 잘해야지.	○	✕
남자가 왜 이렇게 힘이 약해.	○	✕
나도 여자 아이돌처럼 마르고 싶어.	○	✕
남자애가 퉁실퉁실하니 덩치가 커서 보기 좋다.	○	✕
이모는 긴 머리일 때가 더 예뻤어요.	○	✕

남자니까 무서워하면 안 돼.	×	남자도 무서워할 수 있어. 겁이 많은 것을 숨기지 않아도 괜찮아.
여자애는 공기놀이 잘해야지.	×	놀이나 장난감에 여자, 남자는 없어. 내가 하고 싶은 놀이를 하면 돼.
남자가 왜 이렇게 힘이 약해.	×	사람마다 힘은 달라. 여자 중에도 남자보다 힘이 센 사람이 있어. 여자든 남자든 힘이 센 사람이 무거운 짐을 들면 돼.
나도 여자 아이돌처럼 마르고 싶어.	×	너무 마르면 건강에 좋지 않아. 특히 자라고 있는 어린이들이 건강하게 먹지 않으면 몸이 잘 자랄 수 없어. 마르지 않아도 괜찮아. 건강한 내가 되도록 해야 해.
남자애가 퉁실퉁실하니 덩치가 커서 보기 좋다.	×	간혹 남자가 살이 찌면 덩치가 좋다고 생 각하는 사람들이 있어. 그런데 남자든 여자든 너무 살이 찌면 건강에 좋지 않아.
이모는 긴 머리일 때가 더 예뻤어요.	×	여자들이 긴 머리를 하다 짧게 머리를 자르면 많이 듣는 이야기야. 여자든 남자든 긴 머리, 짧은 머리를 할 수 있어. 내가 하고 싶은 머리를 하면 돼.

❷
친구를 있는 그대로 보자

이 아이는 남자일까요? 여자일까요? 아이에게 물어 보세요!

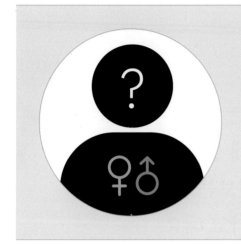

🔖 나는 축구를 잘해.

🔖 나는 그림을 잘 그려.

🔖 내 필통은 파란색이야.

🔖 나는 힘이 약해.

🔖 나는 눈물이 많아.

🔖 나는 글씨를 예쁘게 못 써.

🔖 나는 독서를 좋아해.

◇ 아이의 눈높이에 맞게 설명해 주세요!

그림 속 아이는 남자일 수도 여자일 수도 있어.

축구를 잘하고, 힘이 약하고, 그림을 잘 그리고, 글씨를 예쁘게 못 쓰고,

파란색 필통을 쓰고, 눈물이 많은 것은 남자이기 때문에, 여자이기 때문에

보이는 모습이 아니야. 그림 속 아이이기 때문에 보이는 모습이야.

우리는 성 고정관념 때문에 주변 친구들을 친구 그대로 보지 못하고

있을 수도 있어. '여자라서 ○○이는 ~을 잘해.',

'남자라서 ○○이는 ~을 잘해.'가 아니라

'○○이는 ~을 잘해.'라고 친구들을 있는 그대로 보도록 해.

그리고 너도 여자라서, 남자라서가 아니라 너답게 행동하는 거야.

9 | 장난과 괴롭힘

아이들이 화장실에 올라가서
다른 사람이 소변보는 것을
보는 장난을 한다고 해요.
아이에게 뭐라고 말해야 할까요?

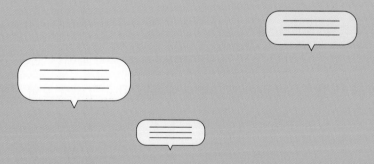

자담쌤 교육 방법 들여다보기

교육 목표

- 장난을 빙자한 성적 괴롭힘을 예방한다.
- 이를 통해 궁극적으로 아이가 타인의 신체를 함부로 만지거나 보는 행동은 안 된다는 것을 깨닫도록 한다.

집중 교육 포인트

- 나와 다른 사람의 몸의 소중함 생각하기
- 친구 사이에 하면 안 되는 장난 알기

저학년 교실에 있다 보면 아이들끼리 장난을 많이 칩니다. 치마를 들추거나 똥침 같은 장난도 치고 화장실에 따라가서 훔쳐보는 장난도 칩니다. 아이들은 이런 행동을 장난으로 생각합니다. 하지만 이것은 성적 괴롭힘입니다. 이런 행동은 상대의 몸과 마음의 경계를 침해하는 것이고, 아이들에게 마음의 상처를 줄 수 있습니다.

아이가 "장난이었어요.", "친구도 웃으면서 장난친 거예요."라고 하더라도 어른이 확실하게 잘못되었다는 것을 알려 줘야 합니다. 다른 사람의 몸을 함부로 만지거나 보는 행동은 잘못된 행동이라는 것을 정확하게 알려 주어야 합니다.

❶

누구도 함부로 할 수 없어

> ✧ 아이의 눈높이에 맞게 설명해 주세요!

너의 몸과 마음은 아주 소중해.

그래서 누구라도 너의 몸과 마음을 함부로 대할 수 없어.

친구가 장난이라고 하면서 네 몸을 아프게 했니?

친구가 웃으며 농담을 했는데 기분이 나빴니?

네 몸이나 마음을 아프게 하면 엄마, 아빠에게 알려야 해.

그리고 너의 몸과 마음이 소중한 것처럼 다른 사람의 몸과 마음도 소중해.

그러니까 너도 다른 사람의 몸과 마음을 함부로 건드리면 안 되는 거야.

❷
친구들에게 장난이라도 이런 일을 하면 안 돼

◇ 아이의 눈높이에 맞게 설명해 주세요!

똥침 하기	친구의 가슴, 엉덩이를 함부로 만져서는 안 돼. 똥침도 마찬가지야. 특히 똥침을 하다가 잘못되면 크게 다칠 수 있으니 절대로 하면 안 돼.
바지 내리기	남자아이들끼리 바지 내리기 장난을 할 때가 있어. 바지를 내리면 속옷이 보이고 잘못하면 속옷이 함께 내려가서 성기가 보일 수도 있어. 장난을 당한 친구가 많이 부끄럽겠지?
치마 들추기	여자 친구들의 치마를 함부로 들추면 안 돼. 여자 친구들도 치마를 입은 날에는 치마 안이 보이지 않도록 조심해야 해.
화장실 훔쳐보기	친구가 볼일 보는 것을 훔쳐보고 놀리는 장난을 하는 아이들이 있어. 옷을 내리고 볼일을 보기 때문에 다른 사람이 본다면 부끄럽고 기분이 나빠지니 그러면 안 돼.
다른 성별의 친구 화장실에 밀어 넣기	다른 성별의 친구를 화장실에 밀어 넣는 장난을 치는 아이들이 있어. 화장실에 다른 친구가 있었다면 그 친구는 엄청 기분이 나쁠 거야. 그리고 화장실에 밀어 넣어진 친구도 부끄럽고 기분이 나쁠 거야.

❸
장난 VS 괴롭힘

똥침 하기, 바지 내리기, 치마 들추기, 화장실 훔쳐보기,

다른 성별의 친구 화장실에 밀어 넣기...

이런 행동을 장난이라고 할 수 있을까?

교실에서 "그냥 장난이었어요.",

"장난이었는데 쟤가 기분 나쁘게 받아들여요."라는 말을 들어본 적이 있니?

가끔 친구에게 장난을 치고 친구가

기분 나빠하면 저렇게 말하는 친구들이 있어.

장난을 쳤을 때 상대방이 기분 나빠한다면

그건 장난이 아니고 괴롭힘이야.

특히 친구의 몸을 만지거나, 옷을 벗기거나,

화장실에서 하는 나쁜 장난은 장난이라고 할 수 없어.

앞으로 친구에게 이런 장난은 하지 않도록 해.

만약 친구가 너에게 이렇게 괴롭히면 어떻게 해야 할까?

"난 이런 장난이 싫어. 나한테 이렇게 하지 마."라고 이야기해.

그래도 그 친구가 계속한다면 선생님이나 부모님에게 말씀드려.

아이와 함께하는 활동

❶ 친구의 이런 장난이 싫어요

친구가 나의 몸을 함부로 만지거나 보는 장난을 한 경험이 있나요?

어떤 경험인지 적어 보세요.

❷ 친구가 나에게 이런 장난을 한다면

친구가 나에게 이런 장난을 한다면 어떤 기분일지 적어 보세요.	
똥침 하기	
바지 내리기	
치마 들추기	
화장실 훔쳐보기	
다른 성별의 친구 화장실에 밀어 넣기	

다음에 친구가 나에게 이런 장난을 한다면 나의 기분을 친구에게

이야기해 주고 "싫다."라고 말해 보세요.

아이가 핸드폰 게임을 하는데
자기 정보를 다른 사람에게
알려 줄까 걱정이에요.

자담쌤 교육 방법 들여다보기

교육 목표

- ✓ 아이에게 온라인 세상의 위험을 알게 한다.
- ✓ 이를 통해 아이가 궁극적으로 자신의 정보를 타인에게 함부로 제공하지 않도록 하고 개인 정보의 소중함을 깨닫도록 한다.

집중 교육 포인트

- ✓ 개인 정보란?
- ✓ 잘 알지 못하는 사람에게 개인 정보 알려 주지 않기

요즘 아이들은 스마트폰을 사용하면서 일찍부터 온라인 세상을 접하게 됩니다. 온라인 수업을 몇 년간 하면서 아이들은 인터넷 사용에 더욱 익숙해졌습니다.

게임, 오픈채팅 등으로 아이들을 유혹하여 성폭행하는 범죄가 발생하고 있습니다. 그뿐만 아니라 채팅하면서 아이들에게 자기 성기 사진을 보내거나 아이의 사진을 보내 달라고 하는 등 음란 사진을 주고받는 사건

도 있습니다. 성범죄뿐만 아니라 아이들을 대상으로 게임 아이디를 오픈채팅으로 거래하면서 개인 정보 유출 등으로 협박하는 일들도 발생하고 있습니다.

이런 범죄로부터 아이들을 지키기 위해서 온라인 게임을 하지 못하게 하거나 카카오톡을 못하게 해야 할까요? 무작정 하지 못하게 해서는 안 됩니다. 아이들이 스스로 자신을 지킬 수 있도록 온라인에서 만난 사람들이 준 정보가 거짓일 수 있음을 알도록 하고 자신의 정보를 함부로 줘서는 안 된다는 것을 아이들에게 계속해서 인지시켜야 합니다.
또 온라인 세상에서 아이들에게 무슨 일이 생겼을 때 부모님과 상의할 수 있도록 약속할 필요가 있습니다.

아이들은 부모님과 하지 않겠다고 한 약속 때문에 무서워서 사건이 발생했을 때 부모님과 상의하기를 두려워합니다. 따라서 아이들과 온라인에서 지켜야 할 일들에 대해 약속함과 동시에 일이 발생했을 때 도움을 요청하면 도와주겠다는 약속도 해야 합니다.

❶

온라인 세상에서 만난 친구가 이렇게 말한다면?

"내가 아이템 사 줄게!"

"나랑 같이 게임할래? 내 아이템 줄게."

"너 이름이 뭐야?"

"내 사진 보내 줄게."

"네 사진도 보여 줄래?"

✧ 아이의 눈높이에 맞게 설명해 주세요!

저 아이템 갖고 싶은데, 언니도 사진을 보내 줬는데
'나도 보내 줘도 괜찮겠지?' 라고 생각할 수 있어.

하지만 잘 생각해 봐.

나와 대화를 하고 게임을 같이하고 있는 사람이 누굴까?

정말로 그 사람이 말한 것처럼 형, 언니일까?

잘 모르는 사람이 왜 나한테 아이템을 사 준다고 하는 걸까?

저 사진이 정말로 형, 언니의 사진일까?

게임하는 데 필요 없는데 왜 내 사진을 달라고 하는 걸까?

괜찮을 것 같다고 생각할 수도 있어.

하지만 잘 모르는 사람에게 나에 대해서 알려 줘서는 안 돼.

이럴 때는 반드시 어른에게 먼저 이야기해야 해.

아이와 함께하는 활동

다음 괄호 안의 초성을 보고 네 글자 낱말을 맞혀 보세요!

1 나를 알아볼 수 있는 모든 정보를 (ㄱ ㅇ ㅈ ㅂ)라고 해요.

다음 문장을 읽고 맞는 말이면 ○, 틀린 말이면 ×에 표시해 보세요.

2 온라인 게임에서 누군가가 내게 좋은 아이템
을 주면 이름은 말해 줘도 괜찮다. ○ ×

3 나에 대해 정확하게
알 수 없는 정보는 알려 줘도 괜찮다. ○ ×

 아이와 약속해 보세요!

약속 하나 온라인에서 알게 된 사람에게
개인 정보 알려 주지 않기

약속 둘 온라인에서 알게 된 사람에게 개인 정보를
알려 주었을 때는 부모님에게 이야기하기

약속 셋 온라인에서 알게 된 사람이 나를 무섭게 하면
부모님에게 이야기하기

❷
엄마가 핸드폰 게임 하지 말라고 했는데...

 핸드폰 게임 채팅에서 누군가에게 내 사진을 보내 줬어.

 온라인에서 만난 언니가 동네 사진을 보내 달라고 했어.

 엄마가 하지 말라고 했는데… 얘기하면 혼나겠지?

◇ 아이의 눈높이에 맞게 설명해 주세요!

이런 상황을 네가 경험할 수 있어.

이럴 때는 주저하지 말고 엄마, 아빠, 선생님에게 이야기해야 해.

너의 이야기를 잘 들어 주시고 도움을 주실 거야.

 잠깐만요! 아이에게 일러 주세요!!

동네를 걸어다니다가 찍은 사진,

동네에 있는 맛있는 빵집 같은 정보는

알려 줘도 괜찮지 않을까?

나에 대한 정보가 아니니까? 절대로 안 돼.

동네를 찍은 사진만으로도 동네를 찾아낼 수 있어.

나에 대한 어떤 정보도 알려 주면 안 돼.

4장

초등학교 고학년
우리 아이 성교육

1

자연스러운 성장, 생리

> 66
>
> 남자아이에게도 생리를
>
> 알려 줘야 할까요?

> 66
>
> 생리에 대해 언제
>
> 알려 줘야 할까요?

자담쌤 교육 방법 들여다보기

교육 목표

✔ 생리에 대해 이해한다.

✔ 이를 통해 아이가 생리를 자연스러운 성장의 하나로
받아들일 수 있도록 한다.

집중 교육 포인트

✔ 생리에 대해 바르게 이해하기

✔ 생리 과정 알아보기

생리를 부끄럽게 생각하는 친구들이 많습니다. 생리 과정을 이해하면서
생리를 부끄럽지 않게 생각할 수 있도록 합니다.

여자아이의 부모님들은 아이가 생리를 시작할 즈음이면 자연스럽게 생
리에 대한 교육을 합니다. 남자아이의 부모님들께서는 생리에 대해 가
르쳐야 하는 건지, 가르친다면 언제 가르쳐야 하는지에 대한 고민이 크

실 겁니다. 생리는 여자만 알아야 하는 내용이 아닙니다.

생리는 성관계, 임신, 피임과 연결됩니다. 따라서 여자아이와 남자아이 모두에게 교육해야 하는 내용입니다.

여자아이들이 생리를 시작하는 시기(12세~14세)에 맞추어 남자아이들에게도 생리에 관련된 정보들을 알려 줄 필요가 있습니다.

생리에 대해 여자아이에게 언제 알려 주는 것이 좋을까요?

생리는 내 몸에서 피가 나오는 겁니다. 아이의 입장에서 갑자기 화장실에 갔는데 몸에서 피가 나오고 있다면 무척 당황스러울 겁니다. 그래서 아이가 생리를 시작하기 전에 알려 주는 것이 아이가 준비하기에 좋습니다.

초경이 시작되고 한동안은 생리 주기가 불규칙합니다. 그때를 대비해 파우치에 생리대와 속옷을 함께 넣어 사물함에 보관해 두거나 가방에 넣어 다니는 것을 추천합니다.

❶

생리란

◇ 아이의 눈높이에 맞게 설명해 주세요!

여자의 몸이 성장하면 한 달에 한 번,

아기가 생길 수 있도록 준비를 해.

자궁에서 아기가 잘 성장할 수 있도록

자궁 안쪽 벽(자궁내막)이 두꺼워지는 거야.

정자와 난자가 만나서 수정을 하면 수정란이 되는데

수정란이 오지 않으면 두꺼워졌던 자궁내막이 자연스럽게 벗겨져.

자궁에 있던 조직들과 피가 함께 질을 통해 밖으로 나오는 것이 생리혈이야.

생리는 12세~14세 정도에 시작해서 약 50세까지

한 달에 한 번, 3일~7일 동안 해.

❷

생리의 과정

생리 과정에 대해 자세히 알아봐요!

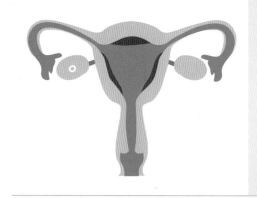

난소에서 난자가 자라요.
양쪽 난소 중 한 군데에서
한 달에 한 번 난자가 자라요.

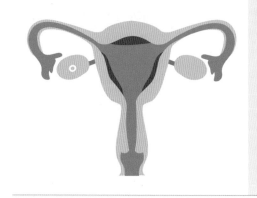

다 자란 난자는 난소에서
나와서 나팔관으로 이동해요.
이것을 배란이라고 해요.
자궁내막은 수정란이 잘
성장할 수 있도록 두꺼워져요.

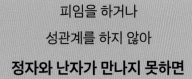

| 성관계를 하여
정자와 난자가 만나면 | 피임을 하거나
성관계를 하지 않아
정자와 난자가 만나지 못하면 |

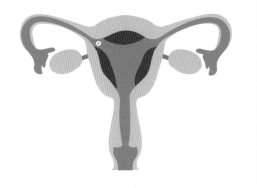 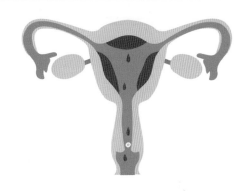

| 한 개의 정자와
한 개의 난자가 만나요.
이것을 '수정'이라고 해요.
이렇게 수정란이 되면 난관을
통해서 자궁으로 이동해요. | 두꺼워진 자궁내막이 필요 없게
돼요. 그래서 자궁내막이
떨어져 나가고 난자와 혈액이
함께 몸 밖으로 나와요.
이것을 생리라고 해요. |

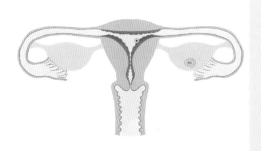

수정란은 약 일주일간 자궁으로
이동해요. 두꺼워진 자궁내막에
수정란이 안전하게 자리를 잡는 것을
'착상'이라고 해요.
착상이 되면 '임신'이라고 해요.

자담쌤의 편지

선생님이 어렸을 때는 누군가에게 내가 생리하는 것을 들킨다는 게 부끄러웠어요. 그래서 생리대를 휴지로 꽁꽁 감싸서 숨겨서 다녔어요. 생리대를 바꾸려고 화장실에 갈 때도 생리대를 숨겨서 가방째로 들고 화장실에 갔었죠.

그런데 어른이 되고 생리에 대해 공부하고 나서 생각이 바뀌었어요. 생리는 부끄러운 게 아니고 성장하면서 생기는 자연스러운 일이라는 걸 알게 되었거든요. 또 임신하기 위해서 내 몸이 준비하는 과정이라는 걸 받아들이고 나서는 생리를 소중하게 여기게 되었어요.

여러분들도 생리를 숨기고 부끄러워하지 않았으면 좋겠어요. 생리대를 넣은 파우치를 당당하게 들고 화장실에 가도 괜찮아요. 선생님은 어렸을 때 첩보영화처럼 생리대 파우치를 가방에서 꺼내서 교복 재킷에 숨기고 다녔거든요.😊

생리통이 심해서 짜증이 날 때는 "나 생리통이 심해서 쉬고 싶어."라고 이야기해요.

남자 친구들에게도 해 주고 싶은 이야기가 있어요.
간혹 학교에서 남자 친구들이 "여자애들은 왜 가방 들고 화장실에 가?"라고 말하더라구요. 그건 생리를 해서 생리대를 바꾸러 가는 거예요. 그러니까 그냥 모른 척해 주세요.
혹시나 여자 친구 옷에 생리혈 같은 게 묻을 수도 있어요.
그럴 때는 그 친구에게만 조용히 얘기해 주세요.

생리 중에는 아프고 짜증도 나고 힘이 들어요. 주변 친구가 평소보다 예민하고 짜증을 낸다면 서로 배려해 주는 건 어떨까요?

2

생리대??
소형? 중형? 대형?

> "
> 생리대는 엄마가 쓰던 생리대를
> 사용하면 되나요?

자담쌤 교육 방법 들여다보기

교육 목표

✅ 생리대의 종류를 알고 이해한다.

✅ 이를 통해 궁극적으로 아이가 신체의 변화를 자연스럽게
받아들이고 자신의 신체에 맞는 생리대를 찾는 방법을
알 수 있도록 한다.

집중 교육 포인트

✅ 생리대의 종류 알아보기

✅ 자기 몸에 맞는 생리대 찾는 방법 터득하기

부모님들은 아이가 초경을 시작하면 생리대를 붙이는 위치, 화장실 에
티켓 등을 알려 주어야 합니다.

그뿐만 아니라 요즘에는 크기, 두께, 소재 등에 따라 생리대의 종류가 많
아졌기 때문에 아이와 상황에 맞게 생리대를 선택할 수 있도록 생리대
의 종류 및 선택 방법을 알려 줘야 합니다.

따라서 초경을 시작하고 나면 아이가 자신에게 맞는 생리대를 스스로 선택할 수 있도록 하는 것이 좋습니다.

생리대뿐만 아니라 위생팬티, 파우치 사용, 개봉한 생리대 보관 방법에 대해서도 알려 줍니다. 아이가 위생팬티, 파우치, 생리대 보관함을 직접 선택하여 사용할 수 있도록 합니다.

생리대에도 유통기한이 있습니다. 생리대를 구매하면 제조일자가 적혀 있는데, 생리대의 유통기한은 제조일자로부터 3년입니다.
생리대 유통기한을 넘지 않고 사용할 수 있도록 대량 구매는 지양하는 것이 좋습니다.

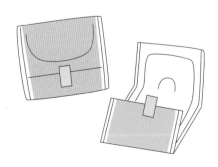

✧ 아이의 눈높이에 맞게 설명해 주세요!

> 생리를 시작하면 꼭 사용해야 하는 물품이 있는데, 바로 생리대야.
>
> 생리혈이 속옷이나 옷에 묻지 않도록 해 주는 것이 생리대야.
>
> 생리대에는 흡수체가 들어 있어서 생리혈을 새지 않도록 해 줘.
>
> 소형, 중형, 대형? 들어 봤니? 어떻게 다른 걸까?
>
> 키가 크면 대형을 사용하고 키가 작으면 소형을 사용하면 될까?
>
> 아니야. 생리대의 크기는 생리혈의 양에 적절하게 정하는 거야.

❶

생리대의 크기

생리대의 크기별 종류에 대해 자세히 알아봐요!

생리대의 종류	언제 쓸까요?	생리대의 길이
팬티라이너	생리가 끝날 쯤, 배란일이나 생리 전에 분비물이 나올 때	15cm~17cm
소형	양이 적은 날, 양이 적은 사람	21cm
중형	양이 보통인 날, 양이 보통인 사람	24cm
대형	양이 많은 날, 양이 많은 사람	26cm
오버나이트	양이 많은 날 밤	33cm
수퍼롱	양이 더 많은 날 밤	42cm
팬티형	양이 많은 날 밤, 잘 때 뒤척임이 많은 사람	팬티 사이즈에 맞추어 선택

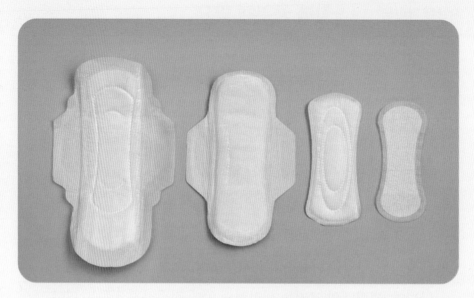

생리대는 크기에 따라서 이렇게 종류가 다양합니다.

여러 크기를 사용해 보고 나에게 맞는 크기를 정하는 것이 좋습니다.

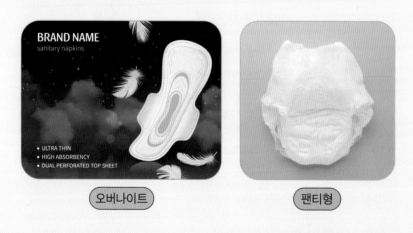

오버나이트   팬티형

오버나이트 생리대는 뒤쪽으로 길어서 밤에 생리혈이 이불에 묻지 않도

록 해 줘요. 오버나이트 생리대를 써도 생리혈이 이불에 묻는다면 팬티

형을 사용하면 편해요.

◇ 아이와 함께 읽어 보세요!

생리대의 크기, 너무 어렵죠?

선생님이 어떻게 사용하는지 예를 들어서 알려 줄게요.

	생리 시작	2일차	3일차	4일차	5일차	생리 끝
낮	팬티라이너	대형	대형	대형 또는 중형	중형	팬티라이너
💧	양이 거의 없음	양이 많음	양이 많음	양이 보통	양이 4일차보다 적음	양이 거의 없음
밤	대형	팬티형	팬티형	오버나이트	오버나이트	대형

선생님은 남들에 비해 생리혈 양이 많은 편이에요. 그래서 낮에는 주로 대형을 사용하고 밤에는 팬티형을 사용해요. 생리혈 양이 적은 편인 사람들은 중형을 주로 사용하기도 해요.

생리혈 양이 많은지 적은지 어떻게 아냐고요? 중형 생리대를 주로 사용한다면 중형을 쓸 때 자주 바지나 속옷에 샌다면 생리대에 비해 생리혈 양이 많은 편이니 대형을 사용하는 것이 좋아요. 반대로 중형을 주로 사용하는데 생리대가 생리혈로 많이 젖지 않는다면 소형 생리대를 사용하면 돼요. 생리혈 양이 많은 사람들은 낮에도 오버나이트를 사용하기도 한답니다. 생리대의 크기는 딱 하나만 정해서 사용하는 것이 아니라 낮과 밤에 따라, 생리혈 양에 따라 다르게 사용할 수 있어요. 나에게는 어떤 방법이 좋을지 생각해 보도록 해요.

생리대의 모양

아이랑 읽어도 좋아요.

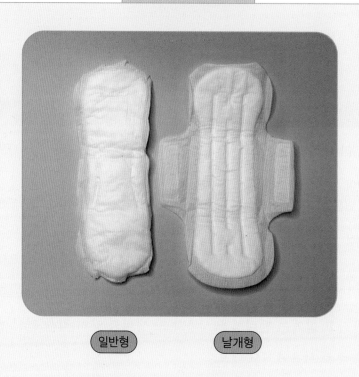

일반형   날개형

생리대의 모양은 일반형과 날개형이 있어요.

날개형은 날개를 접어 팬티에 고정할 수 있어서 움직임이 많다면 날개형을 쓰는 게 편해요.

❸
생리대를 정할 때 고려해야 할 점

아이랑 읽어도 좋아요.

어떤 생리대를 사용하고 있나요?

나에게 맞는 생리대일까요?

생리혈 양에 따라 소형, 중형, 대형 중에서 고르고 생활 패턴을 고려해 날개형, 일반형 중에서 고르면 돼요.

민감한 피부라 생리대를 하면 피부가 짓무르고 가려울 수 있어요. 이럴 경우에는 면 생리대, 유기농 생리대, 순면 감촉 생리대 등 다양한 생리대를 사용해 보고 나의 피부에 맞는 생리대를 골라요.

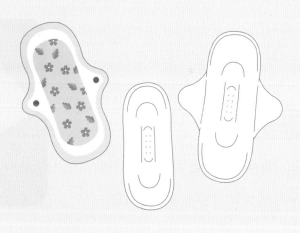

❹
이것도 알아 두면 좋아요!

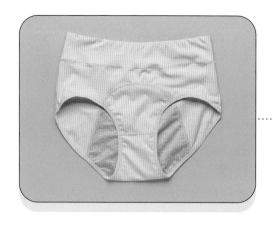

위생팬티

생리혈이 새지 않도록 방수 처리가 되어
있는 팬티.

파우치

생리대를 위생적으로 보관하기 위해
파우치에 넣고 가방에 넣어 다녀요.

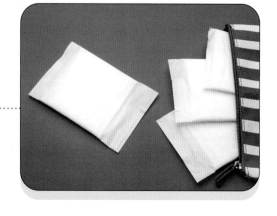

생리대 보관 방법

직사광선을 피해 건조하고 서늘한 곳에
보관함이나 지퍼백에 넣어 보관해요.

생리대 가는 시간

3~4시간마다 갈아 주는 것이 좋아요. 생
리혈 양이 많다면 더 자주 갈아 줘요. 반
대로 생리혈 양이 적어도 3~4시간마다
는 갈아 주는 것이 좋아요.
갈고 난 생리대는 변기에 버리지 않고
휴지통에 버려요.

생리 주기와 생리 기간

"

6학년 아이가 생리를 시작했어요.

어떤 것들을 알려 주면 좋을까요?

자담쌤 교육 방법 들여다보기

교육 목표

✔ 아이가 자신의 생리 주기와 생리 기간을 이해하도록 한다.

✔ 이를 통해 아이가 청소년 시기 여자의 신체 변화에 대해 이해하도록 한다.

집중 교육 포인트

✔ 생리 주기 계산 방법 알아보기

✔ 생리 기간 중 나타나는 증상과 대처법 알아보기

요즘은 초경이 빨라지고 있습니다. 평균적으로 12세에서 14세 사이에 초경을 한다고 합니다. 대략 5학년부터 생리를 시작한다고 보면 됩니다. 이런 추세를 반영해 초등학교 보건실에 생리대를 비치해 두거나 몇몇 학교에는 여자 화장실에 생리대 무료 지급기가 있는 경우가 있습니다.

하지만 신체의 성장 속도가 빨라진 것과는 달리 아이들의 성에 대한 인식 수준은 과거와 크게 달라지지 않았습니다.

5, 6학년 학급에 수업을 들어가면 여자아이들끼리 서로 생리대 파우치를 몸으로 숨겨 주며 화장실을 같이 가는 모습을 관찰할 수 있습니다.

이럴 때 남자아이들은 여자아이들이 왜 그러는지 의아해하는 모습을 보입니다.
이런 모습을 보면 예전과는 달리 초경 시기는 빨라졌지만 생리에 대한 교육은 크게 달라지지 않았음을 알 수 있습니다. 빨라진 아이들의 신체 성장 속도에 맞추어 신체 변화에 대한 교육이 필요합니다.

❶
생리 주기

아이랑 읽어도 좋아요.

많은 아이들이 이번 생리가 끝나고 다음 생리가 시작되기 전날 까지를 생리 주기로 알고 있지만, 이것은 잘못된 정보입니다.

이번 생리가 시작된 날부터 다음 생리가 시작되기 전날까지를 생리 주기라고 합니다. 아래 예시를 보세요. 5월 1일부터 5월 29일까지의 날짜를 세어 보면 생리 주기를 확인할 수 있습니다. 예시의 생리 주기는 29일이에요.

5월(예시)

일요일	월요일	화요일	수요일	목요일	금요일	토요일
1 생리 시작	2	3	4	5	6	7
8	9	10	11	12	13	14
15	16	17	18	19	20	21
22	23	24	25	26	27	28
29	30 생리 시작	31				

내 생리 주기를 알고 싶다면 6개월간의 생리를 기록해야 합니다. 6개월간 생리 주기의 평균값이 내 생리 주기가 되는 거예요. 생리 주기가 27일, 26일, 27일, 25일, 25일, 26일이라면 내 생리 주기는 26일입니다.

❷
생리 기간

생리 기간에 대해 자세히 알아봐요!

생리 기간에 나오는 피를 생리혈이라고 해요. 생리 기간은 3일~7일 정도이고 사람마다 달라요. 생리를 처음 시작할 때는 생리 기간이 짧을 수도 있어요. 또 컨디션에 따라 생리 기간이 평소와 달라질 수도 있어요. 생리 시작일부터 2일째까지는 양이 많고 그 후로는 조금씩 줄어들어요.

생리 기간 중에는 배가 불룩해지거나 가슴이 커질 수 있어요. 호르몬의 변화 때문에 마음이 예민해져서 작은 일에도 쉽게 짜증이 나기도 해요. 생리 기간 중에 식욕이 느는 경우도 있어요. 또 생리통을 겪는 사람들도 있어요.

생리통이 있을 때는 배를 따뜻하게 하거나 가벼운 스트레칭과 산책을 하면 통증이 완화될 수 있어요. 진통제를 먹는 것도 하나의 방법이에요. 생리 기간 중에 나타나는 증상은 사람마다 달라요.

아이와 함께하는 활동

다음 표에 월별로 생리 시작일을 표시해 보세요!

	1	2	3	4	5	6	7	8	9	10	11	12	13	14	15	16	17	18	19	20	21	22	23	24	25	26	27	28	29	30	31
1월																															
2월																															
3월																															
4월																															
5월																															
6월																															
7월																															
8월																															
9월																															
10월																															
11월																															
12월																															

생리 주기는 보통 21일~35일이지만 청소년 시기에는 생리 주기가 불규칙할 수 있어요. 초경을 시작하고 2~3년 후에도 생리 주기가 21일 이하이거나 35일 이상인 경우, 생리 양이 너무 적거나 많은 경우라면 병원을 방문하는 것이 좋습니다.

자신의 경험을 바탕으로 다음 질문에 대한 답을 적어 보세요. 남자의 경우는 책에서 읽은 내용을 바탕으로 하거나 엄마의 경험에 대해 듣고 적어 보세요.

① 내 생리 기간은?

② 생리 기간 중 나타나는 증상은?

생리 기간 중 임신이 가능한 날은

> "
>
> 요즘 청소년 임신….
>
> 걱정이에요.

자담쌤 교육 방법 들여다보기

교육 목표

✓ 배란일과 가임기를 이해한다.

✓ 이를 통해 아이가 성관계에 따른 책임을
느낄 수 있도록 한다.

집중 교육 포인트

✓ 배란일과 가임기 알아보기

✓ 정확한 정보를 토대로 임신과 생명의 중요성 이해하기

최근 미디어에서 청소년 임신을 소재로 한 콘텐츠가 나오고 있습니다.
이러한 콘텐츠가 나오는 현상은 현재 우리나라에서 청소년의 임신 및
출산, 낙태 문제가 과거에 비해 많아졌고 사람들의 관심이 높아졌다는
사실을 나타내는 것입니다.

저는 고등학교 생물 시간에 배란일, 가임기, 생리 주기, 임신, 출산 과정
에 대해 배웠습니다. 임신과 출산 과정에 대해 정확하게 배우고 나니 피
임에 대해 좀 더 깊이 있게 생각하게 되고, 대학생이 된 후 성관계에 신

중하게 되었습니다.

이처럼 아이들에게 성관계에 중점을 두고 피임을 강조하는 성교육이 아니라 성관계 후 발생할 수 있는 책임의 문제, 임신과 생명에 중점을 둔 성교육이 필요합니다. 이렇게 나아가기 위해서는 무엇보다 배란, 가임기, 생리, 임신, 출산에 대한 정확한 정보를 아이들에게 전달하는 것이 필요합니다.

초등학생 아이를 둔 부모님들은 '나중에 중학생 되면 교육해야지.'라고 많이들 생각하십니다. 하지만 가정에서 성교육을 할 때 가장 큰 장애물이 부끄러운 감정입니다.

아이들이 중학생이 되면 부모들은 성에 대해 이야기하기가 더 어려워지고 아이들은 더욱 예민해집니다. 따라서 아직 부모와의 소통이 원활할 때 성교육을 하는 것이 필요합니다.

◇ 아이의 눈높이에 맞게 설명해 주세요!

여자의 몸이 성장하게 되면 한 달에 한 번 아기가 생길 수 있도록 준비를 하고, 이 시기에 아기가 생기지 않으면 생리를 하게 돼. 생리 주기는 보통 21일~35일이고, 그 사이에 임신이 가능한 기간이 있어. 이 기간을 가임기라고 해.

❶

배란일

아이랑 읽어도 좋아요.

다 자란 난자가 난소에서 나오는 것을 배란이라고 합니다. 가임기를 알려면 배란일을 먼저 알아야 해요. 다음 생리 예정일 전 14일째 되는 날이 나의 배란일입니다. 예를 들어 생리 주기가 28일이고 생리 예정일이 31일이라면 내 배란일은 17일이 되는 거예요.

일요일	월요일	화요일	수요일	목요일	금요일	토요일
1	2	3 생리 시작일	4	5	6	7
8	9	10	11	12	13	14
15	16	17 배란일	18	19	20	21
22	23	24	25	26	27	28
29	30	31 생리 예정일				

아이와 함께하는 활동

생리 주기가 25일이고 생리 시작일이 10일이라면
다음 생리 예정일과 배란일은 언제일까요?
다음 달력에 표시해 보세요.

일요일	월요일	화요일	수요일	목요일	금요일	토요일
1	2	3	4	5	6	7
8	9	10 생리 시작일	11	12	13	14
15	16	17	18	19	20	21
22	23	24	25	26	27	28
29	30	31	1	2	3	4

❷
가임기

가임기 계산 방법을 자세히 알아봐요!

> **아이랑 읽어도 좋아요.**

가임기는 임신이 가능한 기간을 말합니다. 배란일을 확인하고 가임기를 계산할 수 있습니다. 앞서 나왔던 문제로 예시를 들어 볼게요.

일요일	월요일	화요일	수요일	목요일	금요일	토요일
1	2	3	4	5	6	7
8	9	10 생리 시작일	11	12	13	14
15	16 가임기	17	18	19	20	21 배란일
22	23	24	25	26	27	28
29	30	31	1	2	3	4 생리 예정일

가임기는 배란일을 기준으로 앞으로 5일, 뒤로 3일입니다.

정자는 배출되고 자궁 내에서 최대 5일간 생존할 수 있어요.

따라서 배란일 이전 5일간을 가임기에 포함합니다.

난자는 배란이 되고 24시간에서 48시간 동안 생존할 수 있습니다.

그래서 배란일 이후로 3일간을 가임기에 포함해요.

질문
1

가임기에는 임신 확률이 높아지나요?

대답

YES!!

가임기에는 가임기가 아닌 날보다 임신 확률이 높아져요.
그래서 임신을 계획하는 부부들은 가임기를 계산하고 배란이
되었는지 확인할 수 있는 배란 테스트기를 사용하기도 해요.

질문
2

가임기가 아닌 날에는 임신이 안 되나요?

대답

NO!!

설명을 읽어 보면 가임기가 아닌 날에는 임신이 안 될 것 같아
요. 하지만 사람의 몸은 스트레스, 피로 등으로 인해 배란일이
달라질 수 있습니다.
또 청소년 시기에는 호르몬이 불균형하여 생리 주기가 매달
다를 수 있어요. 그래서 **모든 날 임신이 가능하다고 생각하고**
임신 계획이 없다면 성관계를 신중하고 조심해야 해요.

<table>
<tr><td>질문
3</td><td>생리 기간 중에는 임신이 안 되나요?</td></tr>
</table>

질문 3	생리 기간 중에는 임신이 안 되나요?
대답	NO!!

생리 기간에는 임신으로부터 안전하다고 알고 있는 사람들이 많습니다. 생리 기간 중에 난자가 배출되었다 해도 자궁 내막이 떨어져 나가고 있기에 착상이 어려워요.

하지만 생리 기간이 길어졌다 짧아졌다 할 수 있고 배란일이 당겨질 수 있기 때문에 완전히 안전하다고 볼 수 없습니다.

특히 생리 주기가 불규칙할 때는 더욱 조심해야 해요.

그러니 **임신에 안전한 날은 없다고 생각해야** 합니다.

5

자고 일어났는데 팬티가...

> ❝
> 아들에게 몽정에 대해
>
> 어떻게 알려 주어야 할까요?

자담쌤 교육 방법 들여다보기

교육 목표

- ✅ 정액, 사정, 몽정에 대해 이해한다.
- ✅ 이를 통해 아이가 청소년 시기 남자의 신체 변화에 대해 이해하도록 한다.

집중 교육 포인트

- ✅ 정액, 사정, 몽정에 대해 이해하기
- ✅ 정확한 정보를 토대로 임신과 생명의 소중함 이해하기

남자아이는 13세에서 14세 전후로 첫 몽정을 경험한다고 합니다. 몽정에 대해 알지 못하고 첫 몽정을 경험하게 되면 아이가 놀라거나 부끄러워할 수 있습니다. 따라서 첫 몽정을 경험하기 이전에 몽정, 사정 등에 대해 알려 줄 필요가 있습니다.

여자아이의 부모님들께서는 몽정, 사정에 대해 가르쳐야 하는지에 대한 고민이 크실 겁니다. 생리에 대해 남자아이에게 해 줬던 것과 마찬가지로 몽정, 사정에 대해 여자아이에게도 알려 주어야 합니다. 정액, 사정은 성관계와 연결되고 이는 임신, 피임과 연결되는 내용입니다. 따라서 여자아이와 남자아이 모두에게 교육해야 하는 내용입니다.

몽정에 대해 알기 위해서는 '발기, 정액, 사정'부터 알아야 합니다.

발기

아이랑 읽어도 좋아요.

발기는 음경에 혈액이 모이면서 음경이 딱딱해지고 커지는 것을 말합니다. 남자가 성적으로 흥분을 하면 발기가 된다고 알고 계실 거예요.
그러면 발기는 꼭 성적으로 흥분해야 되는 걸까요?

발기가 되는 이유는 다양합니다.
손으로 만지는 등 자극을 주거나 야한 생각을 했을 때도 발기가 되지만,
자극을 주지 않거나 야한 생각을 하지 않아도 발기가 될 수 있습니다.
어떤 물건에 닿거나, 스치거나, 음경이 바지 천에 스칠 때에도 발기가
될 수 있어요.
밤에 자다가 발기하기도 해요.
자신의 의지와는 다르게 발기가 될 수 있는 거예요.

이럴 경우 어떻게 해야 하는지 아이에게 이야기해 주세요.

음경, 발기에 너무 신경 쓰지 말고 그냥 자연스럽게 가라앉도록 놔두고

책을 읽거나 다른 생각을 하면 돼.

가방이나 옷으로 음경 위를 덮어 다른 사람들이 보지 않도록 하는 것이 좋아.

덮을 것이 없다면 다리를 꼬아 앉아 있도록 해.

발기가 되었다고 해서 밖에서 만지면 안 돼.

학교에서 어떤 아이가 발기가 된 것을 봤을 때에는 어떻게 해야 할까?

놀리지 말고 못 본 척 지나가 줘.

그 아이도 당황스러울 거야.

❷
정액과 사정

남자의 몸이 성장하면 정소에서 정자가 만들어집니다. 만들어진 정자는 정자가 살아 있도록 해 주는 정액질이 포함된 액체 형태로 요도를 통해 음경의 끝으로 나와요.

정자와 정액질이 포함된 액체를 정액이라고 하고, 정액이 음경의 끝으로 나오는 것을 사정이라고 해요. 사정은 발기가 되고 일어나요.

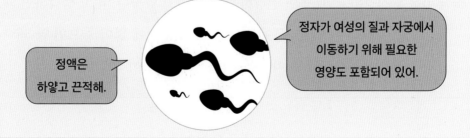

정액은 하얗고 끈적해.

정자가 여성의 질과 자궁에서 이동하기 위해 필요한 영양도 포함되어 있어.

❸
몽정

남자가 자는 동안에 성적으로 흥분되는 꿈을 꾸고 자신도 모르게 사정하는 것을 몽정이라고 합니다. 몽정은 사춘기부터 시작해서 20대에 많이 경험할 수 있어요. 물론 30대 이후에도 몽정하는 경우가 있습니다. 남자의 약 80% 이상이 몽정을 경험한다고 합니다.

이렇듯 몽정은 성장하면서 경험하게 되는 자연스러운 과정 중에 하나입니다. 그러니 몽정을 했다고 해서 부끄러워하거나 두려워할 필요는 없어요. 또 사춘기 시기에 한 번도 몽정을 경험하지 않은 사람도 있습니다. 아직 몽정을 경험하지 않았다고 해서 내가 이상한 건지 생각하지 않아도 괜찮아요.

몽정을 했다면 어떻게 해야 할까요?

✧ 아이의 눈높이에 맞게 설명해 주세요!

자다가 일어났는데 팬티가 젖어 있다면 당황할 거야.
놀란 마음을 진정하고 '내 몸이 건강하게 잘 자라고 있구나.' 하고 생각하면 돼.
정액이 묻은 팬티를 쓰레기통에 넣거나 침대 구석에 넣어 놓으면 안 돼.
정액이 묻은 팬티는 비누로 직접 빨아서 널어 놓도록 해.

아이와 함께하는 활동

정자 이야기

정자의 크기는 약 0.05mm로 아주 작아요. 한 번 사정할 때 나오는 정
자의 수는 2억 개에서 4억 개 정도예요.

수많은 정자 중 하나의 정자가 난자와 만나서 새로운 생명이 되는 수
정란이 되는 거예요. 정자가 난자와 만나기 위해 헤엄쳐 갈 때 어떤 생
각을 할까요? 아래 그림 속 말풍선 안에 적어 보세요.

아이를 위협하는 자극적인 콘텐츠

> "
>
> 아이 방문을 열었는데
>
> 아이가 야동을 보고 있었어요.

자담쌤 교육 방법 들여다보기

교육 목표

- ✓ 성인 콘텐츠를 시청하는 것에 대해 생각해 보도록 한다.
- ✓ 이를 통해 아이가 올바른 성관계에 대한 생각을
  확립할 수 있도록 한다.

집중 교육 포인트

- ✓ 옳지 않은 콘텐츠의 가이드라인 정하기
- ✓ 올바른 성관계에 대한 생각 확립하기

이성에 관심이 생기는 청소년 시기에는 자연스럽게 성에 대해 호기심을 갖게 됩니다. 따라서 아이들이 야동, 성인 콘텐츠에 관심을 갖는 것은 어쩌면 자연스러운 성장의 과정이라 볼 수 있습니다.

과거에는 책이나 비디오로 성인 콘텐츠를 볼 수밖에 없었기에 성인 콘텐츠를 구하는 것이 어려웠습니다. 하지만 최근에는 모바일로 손쉽게 성인 콘텐츠를 접할 수 있습니다. 따라서 더 이상 부모의 관리감독만으로는 예방이 어려워졌습니다.

그렇다고 아이가 야동을 보는 것을 그냥 놔두는 것이 답일까요?

요즘의 성인 콘텐츠는 현실에서는 일어날 수 없는 내용을 담은 것이 많습니다.

아직 성관계를 경험하지 않은 아이들은 현실의 성관계도 그럴 것이라 착각할 수 있습니다. 야동이 위험한 이유는 아이들이 야동을 봄으로써 성에 대해 왜곡된 이미지, 부정적인 성 인식을 형성할 수 있기 때문입니다.

야동을 보는 아이에게 어떻게 이야기하면 좋을까요?

우선은 바른 성관계에 대해 알려 줘야 합니다.

가장 좋은 상황은 영화나 드라마에서 성관계 장면이 나올 때입니다. 그런 장면이 나오면 못 본 척하거나 끄지 마시고 자연스럽게 내가 사랑하는 사람과 사랑을 나누고 서로의 몸을 만져 주는 사랑의 행위가 성관계라고 알려 줍니다. 그리고 불법 촬영물, 이상한 콘셉트의 영상물 등 옳지 않은 콘텐츠의 가이드라인을 제시해 줍니다. 모든 영상물을 부모가 검열해 줄 수는 없습니다.

아이들이 스스로 판단하고 건강하게 성인 콘텐츠를 볼 수 있도록 해야 합니다.

함께 공부해 봐요

자담쌤 가이드

❶

성관계란

아이들도 남자 친구, 여자 친구가 있죠.

아이들도 사랑을 하고 사랑하는 사람과 연애를 합니다.

사랑하는 사람과 만나다 보면 손을 잡고, 포옹을 하고, 뽀뽀를 하고 싶을 거예요.

그리고 성관계를 하고 싶어질 수도 있어요.

여기서 잠깐 복습해 볼까요?

아이랑 읽어도 좋아요.

초등학교 입학 전	**남자 아기씨와 여자 아기씨는 어떻게 만나요?**
	남자의 아기씨는 성기를 통해서 밖으로 나와요. 여자 친구들의 성기를 보면 소변이 나오는 구멍 말고 다른 구멍이 있어요. 그 구멍을 통해 남자 아기씨가 들어가고 그 길을 따라 가면 아기의 집이 있어요. 그 안에서 여자 아기씨를 만날 수 있어요.

**초등학교
저학년**

정자는 여자의 몸으로 어떻게 들어가나요?

남자와 여자가 뽀뽀하고 사랑을 나누다 보면 남자의 음경이 준비돼요. 남자의 음경은 준비가 되면 길어지고 단단해져서 여자의 질 입구로 들어갈 수 있게 돼요. 질 입구로 들어간 남자의 음경에서 정자가 나와서 여자의 질로 들어가는 거예요. 정자가 여자의 질에 들어간 뒤 열심히 헤엄쳐서 난자와 만나게 돼요. 자궁에 자리를 잡으면 아기가 되는 거예요.

앞에서 아이의 연령에 맞춰 정자와 난자가 만나는 과정에 대해 설명해 주는 방법을 살펴봤습니다.

초등학교 고학년 아이에게는 '성관계'에 대해 어떻게 설명해 줘야 할까요?

자담쌤의 편지

✧ 아이와 함께 읽어 보세요!

두 사람이 사랑을 하게 되면 자연스럽게 사랑을 나누고 싶어져요. 사랑의 감정을 나누다 보면 남자의 음경이 여자의 질 안에 들어갈 수 있도록 커지고 단단해져요(발기).

여자의 질에서는 남자의 음경이 들어오기 쉽고 서로의 성기가 다치지 않도록 부드러운 액체가 나오게 돼요.
그리고 남자의 음경이 여자의 질 속으로 들어가고 질 안에서 사정을 하는 거예요. 이러한 과정을 성관계라고 해요. 그리고 사정 후에 정자와 난자가 만나서 임신이 되는 거죠.

성관계는 두 사람이 사랑을 나누는 과정이고 그 결과로 아기가 생길 수 있는 사랑의 행동이에요. 여러분들도 사랑의 감정을 느끼고 연애를 한다는 것 알고 있어요.

하지만 성관계를 하게 되면 아기가 생길 수 있어요.
아직 아기를 낳아서 키울 수 없는 청소년들은 성관계를 조금 더 신중하게 생각해야 해요.

자담쌤 가이드 | 함께 공부해 봐요

❷

위험한 성인 콘텐츠

초등학교 고학년 아이들이 이성에 관심을 가지고 성인 콘텐츠를 보는 것은 정상적인 성장의 과정입니다.

청소년 시기에는 성인 콘텐츠에 대한 관심이 높다가 성인이 되고 나면 서서히 관심이 떨어지죠. 그래서 성인 콘텐츠를 보는 것은 괜찮습니다. 하지만 가끔 위험한 성인 콘텐츠가 있어요.

◇ 아이의 눈높이에 맞게 설명해 주세요!

성관계는 사랑하는 사람과 나누는 사랑의 과정이야.
하지만 사진, 만화, 애니메이션, 소설, 영상 등의 성인 콘텐츠에서는
사랑하는 사람과 하는 행위라고 보기 어려운 내용이 많이 있어.
또 성인 콘텐츠 속 인물들은 실제 현실의 인물과는
너무나 다르고 과장되어 있지.
그래서 성인 콘텐츠를 볼 때 '사랑하는 사람과 하는 행위'인지
잘 판단하고 그렇지 않은 콘텐츠는 보지 않는 것이 좋아.
그리고 성인 콘텐츠에서 나오는 대부분의 내용은 현실에서는
일어나지 않는 일이라고 생각하고 보는 것이 좋아.

건강하게 성인 콘텐츠를 보는 방법

❶ **불법적인 영상을 보지 않는다.**

⇨ 불법 촬영물 X, 정상적으로 돈을 지불하고 보기

❷ **일상생활에 영향을 끼치지 않을 정도만 본다.**

⇨ 학교생활, 가족과의 시간 등 내 일상생활에서 계속 생각나고

보고 싶다면 잘못된 것. 줄이려고 노력하기

❸ **심심해서 야동을 보는 것은 안 된다.**

⇨ 심심해서 야동이 보고 싶다면 야동을 보는 것보다는 운동,

산책 등의 야외 활동 하기

260

7

아이의 자위행위, 나쁜 것일까

> 66
>
> 아이가 자위를
>
> 하는 것 같아요...

자담쌤 교육 방법 들여다보기

교육 목표

- ✅ 자위행위를 할 때의 예절을 이해한다.
- ✅ 이를 통해 아이가 성 행위에 대해 올바르게 이해하도록 한다.

집중 교육 포인트

- ✅ 자위행위를 할 때 지켜야 할 약속 알아보기
- ✅ 성 행위에 대한 올바른 인식 쌓기

아이가 자위행위를 하는 것을 알게 되면 어떻게 해야 할까요?

우선 아이가 자위행위를 하는 것을 이상하게 생각하면 안 됩니다.

성에 대해 호기심을 갖고 기분 좋은 쾌감을 느끼고 싶어 하는 것은 자연스러운 것입니다. 그렇기에 자위행위를 발견했을 때 부모가 당황해하는 모습을 보이지 않도록 합니다.

아이의 방에 허락을 구하지 않고 들어가게 된 점을 사과하세요. 아이가 사춘기에 접어들었다면 아이의 방에 허락을 구하고 들어가야 합니다.

많은 부모들이 아이의 방에 함부로 들어가거나 노크를 한 후 대답을 듣기 전에 들어갑니다. 또 아이가 방문을 잠그는 것을 허락하지 않는 부모들도 있습니다. 하지만 사춘기의 아이들은 자신의 사생활을 존중받기를 바라기 때문에 방문을 함부로 열어서는 안 됩니다.

아이들과 문을 잠궈도 되는 상황, 문을 열지 않았으면 할 때 해 놓는 표시와 같은, 아이가 부모에게 사생활을 보여 주고 싶지 않을 때의 약속을 정해 놓습니다.

또 아이에게 자위한 후의 속옷이나 휴지 등을 더럽다고 표현해서는 안 됩니다. "사정하고 나면 더러워진 속옷은 손으로 씻어."와 같은 말을 들으면 아이들은 사정, 정액이 더럽다고 생각할 수 있습니다.
"사정하고 나면 속옷을 손으로 빨아."라고 말하는 것이 좋습니다.

초등학교 고학년이 되면 자위를 하는 학생들이 생겨납니다. 이는 유아 자위행위와는 다른 형태이므로 자위에 대해 아이들에게 알려 줄 필요가 있습니다. 알려 줄 때 중요한 것은 자위행위에 대한 부모의 주관적인 생각을 담지 말고 객관적인 사실만을 전달하는 것입니다.

아이에게 자위 행동을 할 때 조심해야 할 점을 알려 줍니다. 혼자만의 장소에서 하기, 청결하게 하기, 다른 도구를 사용하지 않기, 다치지 않도록 손으로 부드럽게 하기, 하고 난 뒤에 속옷 및 휴지 뒷정리하기 등 자위 예절에 대해 알려 줍니다.

아이랑 읽어도 좋아요.

"자위를 하는 게 이상한가요?", "자위를 하는 것은 잘못된 일인가요?" 라고 궁금해하는 아이들이 있습니다.

남자든 여자든 자신의 성기를 만지면 누구나 기분이 좋아집니다. 이렇게 자신의 성기를 만지고 기분이 좋아지는 행위를 '자위'라고 하죠.

남자도 여자도 자위를 할 수 있습니다.

자위를 하고 죄책감이 든다는 친구들이 있습니다. 자위를 하는 것은 나쁜 일이 아닙니다. 자신의 몸을 만지고 기분 좋은 쾌감을 느끼고 싶어 하는 것은 당연한 감정이에요.

자위를 하는 것은 이상하거나 잘못된 일이 아닙니다.

그런데 자위를 할 때 지켜야 할 예절이 있죠.

아이와 다음 장의 '꼭 지켜야 할 자위행위 예절'을 읽고 약속해 보세요.

꼭 지켜야 할 자위행위 예절

❶ 자기 혼자 있는 장소에서

나에게는 기분 좋은 행위이지만 다른 사람에게는 불쾌한 감정이 들 수 있어요. 나 혼자 있는 장소에서, 혼자서 자위를 해요.

❷ 청결하게

손에 있는 세균이 성기에 들어가지 않도록 손을 깨끗하게 씻고 만져야 해요. 또 자위를 하고 난 뒤에는 몸을 깨끗하게 씻고 속옷도 갈아입는 것이 좋아요.

❸ 너무 강하지 않게

다른 물건을 사용하거나 벽과 같이 딱딱한 것에 강하게 비비면 안 돼요. 성기에 상처가 날 수 있기 때문에 손으로 부드럽게 해야 해요.

❹ 아프거나, 가렵거나, 따갑다면

소변볼 때 따갑거나 평소에 가렵거나 아프다면 부모님께 말씀드리고 병원에 가야 해요.

❺ 횟수 줄이기

너무 자주하면 안 돼요. 일주일에 몇 회가 적당한지 권장 횟수는 없어요. 자위를 많이 해서 일상생활에서 피로감을 많이 느낀다면 횟수를 줄여야 해요. 수업 시간이나 다른 생활을 하면서 자위가 계속 생각난다면 중독된 것일 수 있으니 줄이려고 노력해야 해요.

---

❻ 되도록 야동을 보지 않고

자위행위를 할 때 야동을 보면서 하면 할수록 더 강한 자극을 원하게 돼요. 나중에 사랑하는 사람과 성관계를 할 때 쾌감을 느끼지 못할 수도 있으니 되도록 야동을 보지 않고 하는 것이 좋아요.

---

❼ 자랑하지 않기

자위는 나쁜 행위는 아니지만 개인적인 일에요.
다른 사람에게 자랑하듯이 이야기하는 것은 좋지 않아요.

❽

8

몇 살부터 임신이 가능할까

> ❝
>
> 청소년 임신,
>
> 걱정돼서 알려 주고 싶은데
>
> 어디까지 이야기해도 될까요?

자담쌤 교육 방법 들여다보기

교육 목표

- ✔ 임신과 낙태에 대해서 이해한다.
- ✔ 이를 통해 아이가 임신과 생명의 소중함을 깨닫도록 한다.

집중 교육 포인트

- ✔ 임신과 낙태에 대해 알아보기
- ✔ 생명의 소중함을 깨닫고 나와 타인을 존중하기

'성교육'은 단순히 성 지식만을 전달하는 교육이 아니라 나와 타인을 이해하고 존중하는 '인성교육'의 일환으로 다루어져야 합니다.

또한 '성교육'은 생명 탄생의 신비, 생명의 소중함을 일깨워 주는 '생명교육'이기도 합니다. 임신과 출산, 낙태 등에 대해서 알려 줄 때도 신체의 구조와 역할, 아기가 생기는 과정을 설명하면서 생명의 소중함에 초점을 두어 설명합니다.

가정에서 성교육을 할 때 활용하기 좋은 자료가 있습니다.
바로 아이의 초음파 사진, 산모 수첩, 육아 일기 등입니다.

책에 나와 있는 사진이 더욱 자세한 자료일 수 있습니다.
하지만 아이의 마음에 더 와 닿는 자료는 자신의 사진과 이야기입니다.
그래서 아이가 생겼을 때 기뻤던 마음, 처음으로 초음파를 봤을 때 기분,
10개월 동안 뱃속에서 아이가 자라고 있을 때의 기분, 아이가 태어났을
때 이야기를 함께 설명해 주는 것이 좋습니다.

❶

몇 살부터 임신이 가능할까?

◇ 아이의 눈높이에 맞게 설명해 주세요!

여자가 초경을 하고 남자가 사정을 할 수 있으면 그때부터 임신이 가능해.

초등학생도 초경을 했다면 임신이 가능하다는 거야.

좋아하는 사람을 사귀고 사랑을 표현하고

사랑을 확인하는 것은 멋진 일이야.

하지만 성관계를 할 것인가 하는 문제는 조금 다르게 생각해 봐야 해.

아기가 생기면 책임지고 키울 수 있는지?

내가 꿈꾸던 장래 희망은 어떻게 할 것인지?

학교생활은 어떻게 할 것인지?

나와 아기의 미래가 달린 일이기 때문에

성관계에 대해 신중하게 생각해야 해.

성관계를 하면 아기가 생길 가능성이 있다는 것을 항상 기억해야 해.

아이와 함께하는 활동

나의 소중한 미래에 대해 생각해 봐요.

❶ 장래 희망은 무엇인가요?

❷ 중고등학생이 되어 교복을 입고 친구들과 놀러 가서 무얼 하고 싶나요?

❸ 대학생이 되면 무엇을 하고 싶나요?

❹ 어떤 사람과 만나 결혼하고 싶나요?

❷
원하지 않는 아기가 생기면?

💬 아이의 눈높이에 맞게 설명해 주세요!

원하지 않는 아기가 생기면 뱃속에서
아기를 없애는 인공 유산(낙태) 수술을 하기도 해.
임신한 지 10주가 되면 사람과 같은 형태의 모습을 보이기 시작해.

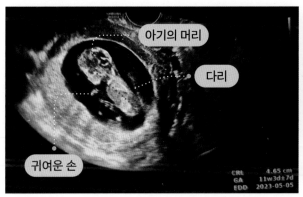

아기의 머리

다리

귀여운 손

CRL   4.65 cm
GA   11w3d±7d
EDD   2023-05-05

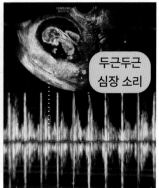

두근두근
심장 소리

아기를 낳아서 기를 수 없는 상황이라면
아기가 생기지 않도록 조심하는 게 먼저야.
그러니 성관계는 신중하게 생각해야 하고
항상 생명의 탄생을 염두에 두어야 해.

자담쌤의 편지

◇ 아이와 함께 읽어 보세요!

피임이란 성관계를 할 때 임신이 되지 않도록 피하는 것을 말해요. 콘돔 사용, 자연주기법, 피임약 복용 등 여러 가지 방법이 있어요.

콘돔은 남자가 하는 피임 방법이에요.
콘돔은 얇은 고무주머니로, 남자의 음경에 씌워 주는 거예요.
그래서 남자가 사정을 해도 정액이 고무주머니 밖으로 나가지 못하도록 해요. 약국, 편의점에서 살 수 있어요.

피임약 복용은 여자가 하는 피임 방법이에요.
21일간 매일 비슷한 시간에 약을 한 알씩 먹고 7일간 약을 먹지 않는 거예요.
약을 먹지 않는 7일 동안 생리를 해요.
매일 한 알씩 먹는 약도 있어요.
병원에서 처방받거나 약국에서 살 수도 있어요.

자연주기법은 여자의 생리 주기에 맞춰서 하는 피임 방법이에요. 가임기 동안 성관계를 피하는 방법이에요.

하지만 배란일이 달라질 수도 있기 때문에 안전한 방법은 아니에요.

100% 완벽하게 피임이 되는 방법은 어느 방법일까요?

답은 바로 "아.무.것.도.없.다."예요.

완벽한 피임 방법이 없기 때문에 여러분들이 성인이 되어서라도 성관계에 대해 조심하고 신중하게 생각해야 해요.

9

내 아이가 연애를 한다면

"

아이가 남자(여자) 친구가

생긴 것 같아요.

자담쌤 교육 방법 들여다보기

교육 목표

- ✅ 연애 전반에 대해 생각해 보게 한다.

- ✅ 이를 통해 아이가 궁극적으로 청소년 시기부터 성인이
  되어서까지 건강한 연애를 할 수 있도록 도와준다.

집중 교육 포인트

- ✅ 연애란 무엇인지 생각해 보기

- ✅ 건강하고 올바른 연애에 대해 생각 정리하기

- ✅ 성적 자기결정권에 대해 이해하기

초등학교 저학년 아이들 중에도 남자(여자) 친구가 생겼다고 말하는 경우가 있습니다.

그런 아이들의 연애를 보고 있으면 생각보다 어른의 연애와 비슷하다는 것을 관찰하고 놀랄 때가 있었습니다.

친구인 남자(여자)와 이성으로의 남자(여자)를 구별하기도 하고, 포옹하기도 하고, 빼빼로 데이에 그 아이에게만 특별한 선물을 준비하는 등의 모습을 볼 수 있습니다.

물론 초등학교 저학년의 '사귄다'는 개념과 어른의 연애는 다르기에 심각하게 고민할 부분은 아닙니다.

하지만 저학년 때 이성에 관심이 높았던 아이들은 고학년이 되면서 연애에 더 관심을 갖기에 주의를 기울일 필요는 있습니다.

초등학교 고학년 학급 내에서 짝사랑하는 상대가 있는 경우, 사귀고 헤어지는 경우를 많이 봤습니다.

이런 현실에서 아이들에게 '이성 교제 하지 마.'라고만 말할 것이 아니라 아이들이 올바른 연애를 알 수 있도록 알려 주는 것이 필요합니다.

'신체 접촉하지 마.'라고 단순히 이야기하는 것보다는 연애할 때 서로 어떻게 배려하면 좋은지, 상대 아이의 어떤 점이 좋았는지, 스킨십은 어느 정도까지 하고 싶은지 등 연애 전반에 대한 이야기를 하는 것이 좋습니다.

추후 아이에게 연애 고민이 생겼을 때 부모에게 털어놓을 수 있도록 자연스러운 대화의 장이 될 수 있도록 합니다.

아이와 함께하는 활동

누군가를 보면 가슴이 두근거리고 얼굴이 빨개진다고요?

좋아하는 사람이 생겼나 봐요! 한 사람만 생각하면 기분이 좋아지고,

그 사람과 함께 놀고 싶고, 맛있는 음식을 보면 그 사람과 함께 먹고

싶은 마음, 바로 사랑이에요. 여러분들도 좋아하는 사람에게 마음을

고백하고 서로 마음이 같으면 사귀기도 할 거예요.

❶ 연애란?

누군가와 사귀어 본 적이 있나요? 연애를 해 본 적이 있다면 어땠는지 떠올려 보세요. 아직 해 본 적이 없다면 연애는 어떤 것일까 생각해 보세요. 아래에 '연애' 하면 떠오르는 단어, 문장을 적어 보세요.

(예) 좋아하는 영화를 함께 보는 것

연애

연애할 때 가장 중요한 것은 뭘까요?

연애는 서로 좋아해서 사랑을 나누는 관계이고, 사랑은 어떤 사람을

아끼고 소중하게 여기는 마음이에요. 그렇기에 연애할 때는

서로를 아끼고 소중하게 여기는 마음이 바탕이 되어야 해요.

남자(여자) 친구를 사귀기 전에 나는 어떤 행동을 좋아하고 싫어하는지
생각해 보고 연애 가치관을 확립해 두는 것이 좋아요.
연애 가치관이란 연애에 대해서 무엇이 옳고 바람직한 것인지를 판단하는
나의 생각이에요. 나의 연애 가치관을 세워야
스스로 결정할 수 있는 연애를 할 수 있어요.

❷ 내 남자(여자) 친구가 이렇게 행동했으면 좋겠다!

내 남자(여자) 친구가 했으면 좋을 것 같은 행동과 하지 않았으면 좋을 것 같은 행동에 대해 생각해 보고 아래에 적어 보세요.

이렇게 행동했으면	이렇게 행동하지 않았으면
(예) 운동 잘하기 공부 잘하기 약속 잘 지키기	(예) 욕하지 않기 게임을 많이 하지 않기 시간 약속 어기지 않기

❸ 성적 자기결정권

'성적 자기결정권'이란 개인에게 부여되는 성과 관련된 행복추구권이자 인권으로, 적극적으로는 자신이 원하는 성생활을 스스로 결정하고, 소극적으로는 원하지 않는 사람과의 성행위를 거부할 수 있는 권리를 의미한다.

성적 자기결정권은 <헌법 제10조>를 근거로 인정되는 '자기결정권'에 포함되는 권리로, 이에 따라 어느 누구의 성적 자기결정권도 침해되어서는 안 된다.

[네이버 지식백과] 성적 자기결정권 [性的自己決定權] (두산백과 두피디아)

'성적 자기결정권'이란 간단하게 말해서 남자(여자) 친구와
무엇을 할지 말지 내가 결정하는 것이라고 할 수 있어요.
또한 상대의 성적 자기결정권도 존중해야 해요.
서로 다른 두 사람이기에 생각의 차이가 있을 수밖에 없어요.
상대가 내가 원하는 행동을 거절해도 이해하고 받아들여 줘야 해요.
상대방이 거절하지는 않았지만 침묵한다면 그것은 동의가 아니에요.
또 아무리 좋아하는 사람이라 해도 상대가
원하는 행동이 싫다면 거절할 수 있어야 해요.

내가 누군가와 사귄다면 스킨십을 어디까지 허용할 수 있을지
아래 예시를 보고 생각해 봐요.

스킨십은 안 됨 ― 손잡기 ― 팔짱 끼기 ― 포옹하기
볼 뽀뽀 ― 입 뽀뽀 ― 키스 ― 성관계

10

외모에 집착하는 아이

> "
>
> 아이가 자기가 뚱뚱하다고
>
> 밥을 잘 안 먹으려고 해요.

자담쌤 교육 방법 들여다보기

교육 목표

- ✔ 자아존중감에 대해 생각해 보도록 한다.
- ✔ 이를 통해 궁극적으로 아이가 스스로를 존중하고 나아가 타인을 존중하는 마음을 가질 수 있도록 한다.

집중 교육 포인트

- ✔ 스스로 자아존중감 높이기
- ✔ 나와 타인을 존중하는 마음 갖기

"선생님, 저는 너무 뚱뚱한 것 같아요.", "저 다이어트 중이라 급식 많이 남겼어요.", "선생님은 날씬한데 저는 뚱뚱해요.", "저는 못생겼어요.", "선생님은 그런 옷이 잘 어울리시네요. 저는 그런 옷이 안 어울려요.", "다이어트하려고 헬스장 다녀요."

학교에서 제가 많이 들었던 말들입니다.
사춘기에 접어들면서 아이들은 외모에 관심을 가지게 됩니다.

자연스러운 현상이지만 주목해야 하는 점은 많은 아이들이 자신의 외모에 대해 부정적으로 생각한다는 것입니다.

자신에 대해 부정적으로 평가하다 보면 자아존중감이 낮아질 수밖에 없습니다.

자아존중감이란 나에 대해서 내가 어떻게 평가하는 것인가 하는 것입니다. 자아존중감이 높은 사람은 긍정적으로 생각하고 자신을 소중하게 생각하며 자신감 있게 자신을 표현하고 타인을 존중한다고 합니다.

사춘기 시기의 아이들이 자신의 외모에 대해 부정적으로 평가하다 보면 자아존중감이 낮아질 수 있습니다.

따라서 아이들이 자신의 외모에 대해 긍정적으로 평가하도록 함으로써 자아존중감을 높일 수 있도록 해야 합니다.

아이와 함께하는 활동

❶ 내가 생각하는 나의 외모

얼굴에 난 여드름을 보면서 괜히 짜증이 났던 적이 있나요?

살을 뺀다고 밥을 적게 먹은 적이 있나요?

사춘기 시기에 외모에 관심을 갖는 것은 자연스러운 일이에요.

'타인의 눈'에 내가 어떻게 보이는지에 대해 신경을 쓰기 때문에 타인이 바라보는

'자신의 외모'에 관심이 커지는 것은 당연한 일이에요.

외모에 관심을 가지고 꾸미는 것도 좋아요.

하지만 '난 못생겼어.', '난 뚱뚱해.'라고 생각하기보다는

내 외모에서 긍정적인 부분도 찾아보는 건 어떨까요?

나의 외모 중에서 마음에 안 드는 부분, 불만이 있는 부분을 적어 보세요.

(예) 키가 작아서 싫다. 키가 컸으면 좋겠다.

여러분들은 저런 부분들이 마음에 안 들었군요.

나의 외모에서 마음에 안 드는 부분들만 바라보고 생각하다 보면,

여러분 스스로가 자신을 부정적으로 평가하게 돼요.

친구들이 나에 대해 안 좋게 평가하면 기분이 좋지 않죠?

그런데 왜 나는 스스로를 안 좋게 평가하고 있을까요?

내가 나를 부정적으로 생각하다 보면 자아존중감이 낮아져요.

❷ 자아존중감

자아존중감이란 간단하게 말해서 나에 대해서 내가 내린 평가를 말해요.

나 자신이 가치 있는지, 소중한지, 스스로에 대해 긍정적으로

생각하는지에 대해 내린 평가라고 생각하면 돼요.

자아존중감을 높이는 데에는 성공했던 경험, 스스로 자신에게 하는 평가,

친구와 가족으로부터 받는 존중, 외모 만족, 대인관계 경험 등이 영향을 미쳐요.

특히 사춘기 시기에는 외모 만족도가 자아존중감 형성에 많은 영향을 미쳐요.

선생님이 만났던 많은 고학년 친구들은 자신의 외모에 대해 부정적으로 생각했어요.

선생님에게 자기 외모의 단점을 나열하면서 자신을 못난 사람이라고 표현하더라고요.

이렇게 외모 만족도가 낮으면 스스로가 자신을 부정적으로 생각하고

자아존중감을 낮아지게 만들어요. 따라서 내 외모에 대해서

내가 긍정적으로 생각하는 것이 중요해요.

나의 외모 중에서 **마음에 드는 부분을** 적어 보세요.

(예) 손가락이 가늘고 길다.

❸ 자아존중감 높이기

자아존중감을 높이려면 나 자신에게 긍정적인 표현을 많이 해 주는 것이 좋아요.

친구, 부모님, 가족들로부터 들을 수도 있고

내가 스스로에게 이야기해 줄 수도 있어요.

거울을 볼 때마다 나에게 긍정적인 말을 해 주는 건 어떨까요?

'너는 가치 있는 사람이야, 너는 예뻐, 너의 눈이 초롱초롱 거려서 예뻐,

너는 좋은 사람이야.'라고 말이에요.

이렇게 나에게 긍정적인 말을 해 주는 건 어떨까요?

나에게 해 주고 싶은 말을 아래 칸에 적어 보세요.

11

들어 주고 공감하고...
고민도 맞들면 낫다!

> 66
>
> 아이가 성에 대한 고민이
>
> 생겼을 때 부모에게 편하게
>
> 마음을 털어놓았으면 좋겠어요.

자담쌤 교육 방법 들여다보기

교육 목표

✓ 성에 대한 고민을 해결하는 방법에 대해 알아본다.

✓ 이를 통해 아이가 성에 대한 고민이 생겼을 때
부모와 상의할 수 있게 한다.

집중 교육 포인트

✓ 성에 대한 고민 털어놓기

✓ 온라인으로 소통할 때 꼭 지켜야 할 사항 약속하기

포털 사이트 지식인에 '청소년 임신', '초경', '초등학생 몽정', '초등학생 성관계', '초등학생 냉' 등으로 검색해 보면 많은 아이들이 성에 대한 고민을 인터넷에 털어놓는다는 것을 알 수 있습니다.

인터넷에 글을 올리거나 검색을 해도 정보를 얻을 수 있습니다.
하지만 인터넷에 올라와 있는 정보 중에는 잘못된 정보들이 섞여 있기 때문에 아이가 선별하여 보기 어렵습니다.
또한 아이의 상황에 적합한 정보인지도 불분명합니다.

임신, 성폭행 등과 같은 문제가 발생했을 때 아이가 혼자 고민하다 보면 문제 해결에 어려움을 겪을 수도 있습니다.

아이가 성에 대한 고민을 부모에게 털어놓도록 하려면 어떻게 해야 될까요?
평소에 아이에게 애정을 많이 주고 대화를 많이 하는 것은 기본입니다. 더 나아가 청소년 시기가 되면 아이의 이야기를 많이 들어 주고 공감해 줘야 합니다. 사춘기가 되면 아이들은 하기 싫다는 이야기를 많이 합니다. 이럴 때에도 무엇 때문에 하기 싫은지 들어 주고 싫은 이유에 공감해 주는 것이 필요합니다.

무엇보다 중요한 것은 가정에서 성에 대한 이야기를 자연스럽게 하는 분위기를 만드는 것입니다. 그러기 위해서는 성교육을 책이나 강의로 하는 것보다 가정에서 하는 것이 좋습니다.

성교육이라고 해서 어렵거나 거창한 것이 아닙니다.
부모가 산부인과나 비뇨기과를 갈 때, 생리대를 살 때 아이와 함께 가거나 드라마에서 애정신이 나올 때 연애에 대해 이야기하는 등과 같이 일상 속에서 대화를 나누는 것으로도 충분한 교육이 될 수 있습니다.

◇ 아이와 함께 읽어 보세요!

❶ 성에 대한 고민이 생겼나요?

사춘기가 되면 신체에 변화가 생기면서 궁금한 것들이 많이 생길 거예요. 신체에 대한 질문을 주변 어른에게 물어보기 민망할 수 있어요. 그래서 여러분들이 인터넷에 검색하거나 질문하는 경우를 많이 봤어요.

그런데 인터넷에 검색하면 답을 얻을 수 있을까요?
인터넷에는 너무 많은 정보가 있어서 여러분들이 원하는 정보를 얻기는 쉽지 않아요. 몸에 대해 궁금한 것이 있다면 주변 어른들에게 물어봐도 괜찮아요.

나는 왜 가슴이 작을까? 나는 왜 몽정을 안 하지?
여자(남자) 친구랑 성관계를 했는데 임신이 되면 어떻게 하지?
남자(여자) 친구가 키스를 하자고 하는 데 어떻게 하지?

이런 고민이 생길 수 있어요. 혼자서 고민하거나 인터넷에 물어 봐도 답을 얻기는 어려워요. 주변 어른들에게 고민을 털어놓아요. 어른들과 함께 고민에 대한 답을 찾고 고민을 해결할 수 있어요.

❷ SNS에서 알게 된 사람이 만나자고 했나요?

SNS나 오픈채팅, 온라인 게임으로 많은 사람들과 소통을 할 거예요. 친구를 만들기도 하고 여자(남자) 친구를 사귀기도 하죠?
온라인 세상에서 여러 사람들과 소통을 하고 정보를 얻는 것은 나쁘지 않아요. 하지만 여러분들이 조심해야 할 부분들이 있어요.

온라인에서 만난 사람들이 항상 진실만을 이야기하지 않아요.
40대 아저씨가 고등학생이라고 속이고 초등학생에게 접근한 사건도 있었어요. 그러니까 여러분들이 온라인에서 만난 사람들이 하는 이야기를 모두 신뢰해서는 안 된다는 거예요.

또 온라인에서 알게 된 사람과 밖에서 절대로 만나서는 안 돼요. 온라인을 통해 알게 된 상대와의 만남이 범죄로 이어지는 사건들이 많이 발생하고 있어요. 혹시 그 사람이 여러분에게 만나자고 협박을 한다면 부모님과 상의하는 것이 좋아요.

온라인에서 사람과 소통할 때 꼭 지켜야 할 것

❶ 게임이나 SNS 등을 통해 사진, 알림장 등 개인 정보 알려 주지 않기
❷ 게임이나 SNS에서 누군가 불편한 말을 하거나,
   협박을 한다면 대답하지 말고 어른에게 이야기하기
❸ 두렵고 무서운 일이 생기면 바로 어른에게 이야기하기

❸ 성기가 가렵거나 아픈가요?

성기가 가렵거나 아플 때는 어떻게 해야 할까요?

인터넷에 검색하거나 물어보는 것보다 가장 빠른 해결 방법이 있어요. 바로 병원에 가는 거예요.

남자 친구들은 비뇨기과, 여자 친구들은 산부인과(여성의원)로 가면 돼요. 산부인과는 임산부들이 가는 병원 아니냐고요? 아니에요.

산부인과는 산과와 부인과를 모두 다루는 곳이어서 여자 친구들이 아플 때 가도 되는 곳이에요. 선생님도 중학생 때 처음 산부인과에 갔었고 성인이 되고서는 매년 초음파로 검사를 하고 두세 달에 한 번씩 검진을 받고 있어요.

처음 병원에 가려고 하면 부끄러울 수 있어요. 감기에 걸리면 이비인후과를 가는 것과 같이 성기가 아프면 병원에 가야 해요.

부끄러워하지 말고 병원에 가서 여러분들의 증상을 설명하면 돼요.

이럴 때 고민하지 말고 병원에 가요

- 성기가 가렵다.
- 소변볼 때 요도가 따갑다.
- 소변볼 때 통증이 있다.
- 질 입구가 따갑다.
- 질에서 분비물이 나온다.
- 생리통이 심하다.
- 생리를 매달 하지 않는다.

도움이나 상담, 교육이
필요할 때 활용하세요!

디지털 성범죄 예방 교육 및 피해 지원

디클

아동·청소년을 대상으로 디지털 성범죄 예방을 위한 영상,

게임 등 교육자료를 제공하는 플랫폼

🌐 dicle.kigepe.or.kr

디지털성범죄피해지원센터

디지털 성범죄 피해자 지원-상담, 삭제 지원,

유포 현황 모니터링, 연계 지원

☎ 02-735-8994

🌐 d4u.stop.or.kr

청소년 1388

채팅 상담, 게시판 상담, 댓글 상담을 통한 고민 상담,

인터넷·스마트폰 과의존 치유 등 청소년 지원 종합 포털

🌐 www.1388.go.kr

청소년성문화센터

◉ 지역의 아동·청소년을 위한 성교육 체험관, 성 상담 등을 제공합니다.

◉ 지역별로 체험관 신청 방법이 다르니 확인 후 자녀와 이용해 보세요.

◉ 기재된 곳 이외에도 '여성가족부 누리집-시설 찾기-시설명으로 찾기-

　성문화'로 검색하시면 지역에 있는 청소년성문화센터를 찾을 수 있습니다.

동작청소년성문화센터(서울)
🌐 djsay.or.kr

드림청소년성문화센터(서울)
🌐 http://www.dreamcenter.or.kr

광진청소년성문화센터(서울)
🌐 http://www.gjsay2007.or.kr

송파청소년성문화센터(서울)
🌐 http://www.youth1318.or.kr

경기도청소년성문화센터
🌐 http://ggsay.or.kr

경기북부청소년성문화센터
🌐 http://congcong.or.kr

부천시청소년성문화센터(경기)
🌐 http://www.bchello.co.kr

수원시청소년성문화센터(경기)
🌐 http://suwonsay.or.kr

부평구청소년성문화센터(인천)
🌐 www.icbp.go.kr

시소! 강릉시청소년성문화센터
🌐 http://www.gnsay1318.or.kr

강원도청소년성문화센터
🌐 http://www.isay.or.kr

대전광역시청소년성문화센터
🌐 djsay.net/8024

광주광역시청소년성문화센터
🌐 http://www.gjsay1388.or.kr

광산구청소년성문화센터(광주)
🌐 www.wawasay.or.kr

목포시청소년성문화센터
🌐 http://www.msay.or.kr

경상북도북구청소년성문화센터
🌐 www.gbbsay.kr

경상북도청소년성문화센터
🌐 www.gbsay.co.kr

대구아름청소년성문화센터
🌐 http://www.daeguarm.net

대구청소년성문화센터
🌐 www.dgsay.net

사천시복지·청소년재단-경상남도
청소년성문화센터
🌐 www.youthsacheon.com

늘함께청소년성문화센터(부산)
🌐 http://2008say.or.kr

부산광역시청소년성문화센터
🌐 http://www.bsycsay.or.kr